PATROUILLENSCHIFFE
DER U.S. NAVY SEIT 1939

Lutz A. Kowalzick / Wilhelm M. Donko

Motor
buch
Verlag

Einbandgestaltung: Sven Rauert

Bildnachweis: Die zur Illustration dieses Buches verwendeten Aufnahmen stammen, sofern nicht ausdrücklich anders angegeben, aus für die Öffentlichkeit freigegebenen Beständen der U.S. Navy und sind als Werke der Regierung der Vereinigten Staaten gemeinfrei (siehe Anhang).

Gewidmet Herrn Stefan Terzibaschitsch (1926-2008), dem großen deutschen Kenner der U.S. Navy, dessen Arbeit die Autoren zu diesem Buch inspiriert hat.

ISBN 978-3-613-04517-0

1. Auflage 2022

Sie finden uns im Internet unter www.motorbuch-verlag.de

Lektorat: Motorbuch Lektorat
Innengestaltung: WS – WerbeService Linke, 76185 Karlsruhe
Druck und Bindung: Graspo CZ, 76302 Zlin
Printed in Czech Republic

Inhalt

USS „Pegasus“ (PHM-1) in einer Aufnahme aus 1984.

USS „Brisk" (PG-89), eine in Kanada gebaute Korvette der britischen „Flower"- oder „Blumen"-Klasse im Zweiten Weltkrieg.

USS „Chinook" (PC-9) in irakischen Gewässern.

Vorwort

Die Autoren Wilhelm M. Donko (links) und Lutz A. Kowalzick in Plauen im Juli 2021 (Foto Thomas Voigt).

Lutz A. Kowalzick und Wilhelm M. Donko stellen in diesem gemeinsam verfassten Buch die zahlreichen Patrouillenschiffe der U.S. Navy vor. Beide vereint das große Interesse an der Geschichte und dem Schiffsbestand der weitaus größten Seemacht der Welt. Von Ersterem kam die grundsätzliche Anregung zu diesem Werk. Letzterer hatte in diesem Verlag bereits zwei Bücher über Schiffstypen der U.S. Navy veröffentlicht, konkret über Landungsschiffe und Minensucher.
Im Unterschied zu diesen beiden Büchern bzw. Schiffstypen ist das Thema Patrouillenschiffe aber wesentlich schwieriger einzugrenzen. Sowohl die vielen, vom Typ her z.T. sehr unterschiedlichen Landungsschiffe als auch die Minensucher hatten zumindest eine klare gemeinsame Aufgabenstellung: im ersten Fall die Unterstützung oder Durchführung einer amphibischen Operation und im zweiten die Suche bzw. Unschädlichmachung von Seeminen. Für die Patrouillenschiffe gilt das nicht, der Begriff ist eigentlich eine arge Verkürzung und der korrekte Titel des Buches müsste heißen: Die mit P-Kennungen klassifizierten Schiffe der U.S. Navy.
Das „P“ steht in Amerikas Marine für das englische Wort „Patrol“, im Deutschen wird dafür die französische Schreibweise „Patrouille“ verwendet. Das Wort kommt auch aus dem Französischen und bedeutet laut Duden ursprünglich eigentlich „Herumwaten im Schmutz“, der Ausdruck „patrouiller“ entspricht „patschen“, dieses wiederum etymologisch abgeleitet vom Wort „patte“, zu Deutsch „Pfote“. Die korrekte Bedeutung von „Patrouille“ kann man mit „Durchführung einer militärischen Erkundung“ bzw. „Kontrollgang“ oder „Überwachung“ übersetzen. Patrouillenfahrzeuge sind also Fahrzeuge zur Überwachung, d.h. mit einem eher limitierten Kampfauftrag, auch in der maritimen Sprachbedeutung. Im Deutschen versteht man darunter in erster Linie Wachfahrzeuge aller Art und Größe, Vorpostenboote, bewaffnete und unbewaffnete Fahrzeuge zur Aufklärung und Kontrolle sowie allgemein Fahrzeuge zur Durchsetzung des staatlichen Hoheitsanspruches.
Die U.S. Navy subsumierte unter der Kennung „P“ für „Patrol“ aber eine deutlich größere Vielfalt von Typen mit teilweise völlig unterschiedlicher Aufgabenstellung, nämlich im Wesentlichen in vier grundsätzlichen Bereichen:

- Kanonenboote
- Wach- und Sicherungsfahrzeuge
- Schnellboote
- U-Boot-Jäger

Oft war der Begriff „Patrol“ auch eine Verlegenheitslösung, wenn ein Schiffstyp nirgendwo sonst richtig hineinpasste. Verwendet wurde die Klassifikation „P“ jedenfalls sehr umfangreich, sie umfasst etwa 3000 amerikanische Schiffseinheiten bzw. Kennnummern; die Palette reicht von kleinen requirierten Yachten und Fischereifahrzeugen zur klassischen Vorpostenaufgabe bis zu großen Lenkwaffenfregatten, aber auch Torpedo- und Lenkwaffen-Schnellbooten, d.h. reinen Angriffsfahrzeugen. Besonders die in der amerikanischen Marine so umfangreichen Klassen und Typen von U-Boot-Jägern wurden mit dem Buchstaben „P“ klassifiziert.
Das Thema schließt an die von 1965 bis 2003 erschienenen Bücher von Stefan Terzibaschitsch (*1926 Belgrad - † 2008 Leonberg) über die U.S. Navy an. Die etwa 30 Bücher des „Marineenthusiasten“ (Eigenbezeichnung im Titel seiner launigen Autobiographie 2006) umfassten Beschreibungen und Monographien zu Flugzeugträgern, Schlachtschiffen, Kreuzern, Zerstörern, Geleitzerstörern, konventionellen U-Booten, Waffensystemen, dem fliegenden Material, und zuletzt im Eigenverlag zu Landungsschiffen, Hilfsschiffen und Hafenfahr-

zeugen der U.S. Navy. Diese beinhalteten neben Schiffslisten und Klassenbeschreibungen sowie Skizzen auch Fotomaterial zur Schiffserkennung. Orientiert wurde sich stets und ausschließlich nach dem weltweit so einmaligen Schiffs-Klassifikations-System mit Buchstaben und (Rumpf-)Nummern der U.S. Navy. In dem vorliegenden Buch sollen jetzt noch die Patrouillenschiffe der Navy seit 1939 abgehandelt werden, über die Terzibaschitsch nicht geschrieben hat und über die es bisher noch keine zusammenfassende Publikation im deutschsprachigen Raum gibt.

Jede einzelne Klasse wird in Kurzform inhaltlich abgehandelt, mit einer knappen Beschreibung zur Schiffserkennung und allgemeinen, aber nur rudimentären technischen Angaben. Dazu kommen möglichst aussagekräftige Fotos zur Schiffserkennung jeder einzelnen Klasse, insgesamt über 200, und die listenmäßige Erfassung jedes einzelnen Schiffes, Bootes und Fahrzeuges anhand der „P"-Klassifikation. Dabei werden für jede Einheit noch folgende Informationen angehängt: Bauwerft, Name, soweit einer vergeben wurde, sämtliche Umklassifizierungen innerhalb der U.S. Navy, Zugehörigkeiten zu anderen US-Teilstreitkräften (inklusive U.S. Coast Guard), Kriegsverluste und Unfälle sowie Transfers an fremde Marinen. Bei den zahlreichen Transfers an die Royal Navy wird auch immer die dort verwendete Kennung angegeben. Transfers an zivile Abnehmer werden jedoch nicht berücksichtigt, auch nicht sich daraus ergebende Umbenennungen. In Summe versteht sich das Buch als eine Bestandsaufnahme bzw. als Nachschlagewerk aller Patrouillenschiffe der amerikanischen Marinestreitkräfte seit 1939 (sofern diese auch als solche klassifiziert wurden).

Die Autoren danken dem Motorbuch Verlag für das Interesse an diesem doch etwas ausgefallenen Thema zur U.S. Navy, insbesondere Herr Joachim Kuch von der Programmleitung sowie dem unvergessenen Herr Joachim Köster, der zumindest noch die Anfänge dieses Buchprojektes mitbetreuen konnte. Der Dank geht auch an Herrn Marcus Linke in Karlsruhe für die Arbeiten zum Layout.

Lutz A. Kowalzick und Wilhelm M. Donko
Plauen und Bangkok, im Frühjahr 2022

Lutz A. KOWALZICK, Prof. Dr.med.habil., geboren 2.3.1957 in Brandenburg an der Havel und in Hamburg aufgewachsen. Studium der Humanmedizin, Promotion und Habilitation und Ernennung zum apl. Professor an der Universität Hamburg. Nach dem Wehrdienst war er von 1982 bis 1994 Wissenschaftlicher Mitarbeiter an der dortigen Medizinischen Fakultät. Von 1995 bis 2019 Chefarzt, und von 2006 bis 2013 Ärztlicher Direktor am Vogtland-Klinikum in Plauen. Er ist Reservestabsoffizier und u.a. Mitglied der Marinekameradschaft Plauen/Vogtland von 1899 im Deutschen Marinebund, der International Submarine Connection U 156 Plauen (ISCP) sowie der Deutschen Gesellschaft für Wehrmedizin und Wehrpharmazie. Zahlreiche Artikel und Buchveröffentlichungen zu medizinischen, marine- und zeitgeschichtlichen Themen.

Wilhelm M. DONKO, Mag. phil., geboren 16.12.1960 in Linz/Donau, aufgewachsen und beheimatet in Schärding/Inn. Nach kurzer Seefahrtzeit Studium von Geschichte und Geographie an den Universitäten Salzburg und Tokio („Todai"). Er trat 1990 in den diplomatischen Dienst der Republik Österreich ein und war nachfolgend an den österreichischen Botschaften in Algier, Moskau und Ankara stationiert, danach Botschafter in Seoul (2005-09) und in Manila (2009-13). In der Zentrale des Außenministeriums in Wien in der Abrüstungs-, der EU/EWR- und insgesamt acht Jahre in der Ostasien-Abteilung tätig. 2017 österreichischer Botschafter in Oslo, 2022 Wechsel nach Bangkok. Zahlreiche Artikel- und Buchveröffentlichungen, hauptsächlich zum Thema Marinegeschichte.

1. Einführung

Die amerikanische Marine führte auch ihre über 700 im Zweiten Weltkrieg gebauten Schnellboote unter dem Begriff der Patrouillenfahrzeuge und klassifizierte sie als „PT", eine Abkürzung für die Begriffe „Patrol" und „Torpedo". Hier mehrere PT-Boote der U.S. Navy bei der Rückkehr von einer Operation im Golf von Leyte im Dezember 1944. Die Schnellboot-Flotte lief im Navy-Jargon auch unter dem Kosenamen „Mosquito-Fleet".

Im Ersten Weltkrieg unterhielt die britische Royal Navy zahlreiche U-Boot-Jäger der „P-Klasse" und U-Boot-Fallen der „PC-Klasse", Bezeichnungen die später ähnlich auch in der U.S Navy verwendet wurden. Nach Einführung eines einheitlichen und eindeutigen Klassifizierungssystem mit Vergabe von Buchstaben- und Ziffernkombination für die Schiffe der U.S. Navy 1920 erhielten die noch in Dienst befindlichen Kanonenboote und Fluss-Kanonenboote „PG"-Rumpfnummern (für Patrol Gunboat – Patrouillen-Kanonenboot). Die „Eagle"-Klasse Patrouillen-Fahrzeuge (Eagle Class Patrol Vessels) wurden mit „PE" gekennzeichnet. 1928 wurden kleinere Kanonenboote auf Fluss-Kanonenboote „PR" (River Gunboat) umklassifiziert. Die zahlreichen ansonsten namenlosen U-Boot-Jäger mit Holzrumpf behielten dagegen ihren Nummernpräfix „SC" (Submarine Chaser) als Namensbestandteil, auch wenn die zu diesem Zeitpunkt noch im Dienst befindlichen Einheiten 1920 - möglicherweise nach dem britischen Vorbild - offiziell als „PC" (Patrol Craft) klassifiziert wurden. Kurz vor, während und nach dem Zweiten Weltkrieg kamen zahlreiche „P"-Klassifizierungen auch für U-Boot-Jäger mit Stahlrumpf, für Fregatten und andere Wach- und Sicherungsfahrzeuge sowie Schnellboote hinzu. Anders als die „Dickschiffe", wie Flugzeugträger, Schlachtschiffe, Kreuzer sowie die Flottenzerstörer, waren und sind die Patrouillenschiffe, ebenso wie die Minensucher- und -leger, eher für den Einsatz im Küstenvorfeld und in Randmeeren - auch in (kolonialen) Gebieten in Übersee, - als für den ozeanischen Bereich konzipiert worden. Sie bilden daher recht heterogene Kategorien mit höchst unterschiedlichen Aufgaben.

USS „Hurricane" (PC-3) der „Cyclone"-Klasse beim Start eines BGM-176B Griffin-Flugkörpers im Persischen Golf, aufgenommen am 13.12.2019. Es handelt sich hierbei um Leichtgewicht-Kurzstrecken-Raketen von Raytheon zur Bekämpfung von Bodenzielen, die auch von sehr kleinen Patrouillenbooten aus eingesetzt werden können.

Wie weit der Begriff der Patrouillenfahrzeuge in der U.S. Navy gefasst ist, zeigen besonders deutlich die großen Fregatten der „Oliver Hazard Perry“-Klasse, die unter der Kennung „PF“ als „Patrol Frigates“ in den 1970er Jahren entwickelt und in Auftrag gegeben wurden. Sie wurden aber später auf Lenkwaffen-Fregatten (FFG) umklassifiziert. Hier USS „Wadsworth“ (FFG-9, ex PF-111) aufgenommen Anfang 1979 im Pazifik, bei Probefahrten.

Die Lenkwaffen-Fregatte USS „McInerney“ (FFG 8, ex PF-110), aufgenommen am 5.10.2008, einlaufend in ihren Heimatstützpunkt, die Naval Station Mayport in Florida, nach einem sechsmonatigen Auslandseinsatz. Auch dieses Schiff war ursprünglich noch als „Patrol Frigate“ klassifiziert (PF).

Zu diesen zählten bei den Patrouillenschiffen unter anderem „Flagge zeigen“, Artillerieunterstützung (auch gegen Landziele), Torpedo-, Artillerie- und Raketenangriffe und deren Abwehr im Küstenvorfeld, Wachdienst, Schutz- und Geleitdienst und die U-Boot-Jagd mit Wasserbomben, Geschütz, Torpedos und Raketen, sowie früher auch der Rammstoß.
In diesem Buch werden die mit einer „P“-Kennung versehenen Patrouillen-Schiffsklassen der U.S. Navy, die ab 1939 in Dienst waren, vorgestellt, auch die „SC“-U-Boot-Jäger (mit Holzrumpf). Darüber hinaus werden die Schiffe der U.S. Coast Guard, mit Küstenwache-spezifischer „WP“-Klassifizierung kurz behandelt, die im Zweiten Weltkrieg unter dem Oberkommando der U.S. Navy eingesetzt wurden.
Nicht aufgenommen wurden jedoch die als „YP“ (District Patrol Craft) klassifizierten Hafen-Patrouillenfahrzeuge der U.S. Navy und die Vor- und Nachkriegseinheiten der U.S. Coast Guard.
Die zwischen 1920 und 1939 außer Dienst gestellten oder umklassifizierten Einheiten mit „P“-Kennung werden einer Tabelle (Seite 12) aufgeführt.

Oben: Zur breiten Palette der Patrouillenfahrzeuge gehörten in der U.S. Navy auch die Tragflügel-Lenkwaffen-Schnellboote. Die Boote erreichten Geschwindigkeiten von ca. 50 Knoten. Sie wurden vom Heimatstützpunkt Key West aus auch zur Bekämpfung des Drogenhandels in der Karibik verwendet. Hier alle sechs Boote der „Pegasus"-Klasse auf dem Weg zur Naval Amphibious Base in Little Creek, Va., in einer Aufnahme vom 13.6.1993.

Links: Das PHM-Bauprogramm der „Pegasus"-Klasse aus den 1970er Jahren sollte durch vergleichsweise kostengünstige und kampfstarke Tragflächenboote mit Lenkwaffen viele der großen und teuren Fregatten und Zerstörer von ihren Aufgaben im Küstenbereich ablösen. Es war geplant, quasi als Gegengewicht zu den vielen Raketenschnellbooten des Warschauer Pakts, insgesamt bis zu 100 solcher Boote zu bauen, auch unter starker Einbindung der NATO-Partner (inklusive der Bundesmarine); das Programm fiel dann aber schließlich viel kleiner aus. Die U.S. Navy baute nur sechs dieser Einheiten, geplant waren allein dort 30. Hier USS „Taurus" (PHM-3), USS „Gemini" (PHM-6) und USS „Aquila" (PHM-4) in der Naval Air Station, Key West, Florida im April 1993.

Patrouillenboot USS „Chinook" (PC-9) der „Cyclone"-Klasse. Die Aufnahme stammt vom Persischen Golf vom 21.3.2003.

Besonders bei den kleineren Booten und Fahrzeugen wird in der Beschreibung der Klassen auch stets die Verdrängung und Länge der Fahrzeuge in Fuß angegeben, zum einen um den Vergleich dieser oft recht ähnlichen Klassen zu erleichtern, zum anderen, weil die U.S. Navy, wie insbesondere auch die U.S. Coast Guard, ihre Fahrzeugklassen selbst z.T. nach deren Länge in Fuß unterscheidet und benennt.

Die mit „P" klassifizierten Einheiten werden nachstehend nach Klassen und Aufgabenstellung beschrieben. Zu jeder Klasse gibt es eine einfache Beschreibung der technischen Grunddaten, die aber bewusst nicht sehr ins Detail geht; die Technik der Schiffe ist kein Schwerpunkt dieses Buches. Des Weiteren eine kurze Beschreibung zur Schiffserkennung. Danach werden für jedes Schiff der Klasse in den angehängten Tabellen noch einheitlich folgende Angaben gebracht:

- Klassifikation in der U.S. Navy
- Bauwerft
- Namen, soweit einer vergeben wurde
- Sämtliche Umklassifizierungen innerhalb der U.S. Navy
- Zugehörigkeiten zu anderen US-Teilstreitkräften (inklusive U.S. Coast Guard)
- Kriegsverluste und Unfälle
- Transfers an fremde Kriegsmarinen (aber keine zivilen Transfers oder zivile Namensänderungen)

Bei kleinen, klassischen Patrouillenboote spielen heute auch einfache Maschinengewehre und Maschinenkanonen wieder eine wichtige Rolle, u.a. zur Bekämpfung der Piraterie und dem Schutz vor terroristischen Aktionen. Lange im 20. Jahrhundert hatte die U.S. Navy gedacht, dass diese Waffen weitgehend obsolet wären, sie haben aber inzwischen eine gewisse Renaissance erlebt. Hier ein .50 Kaliber MG auf einem Mark-V Special Operations Craft.

Moderne amerikanische Patrouillenboote der „Cyclone"-Klasse im Persischen Golf im März 2015. Diese Fahrzeuge werden auch zur Abwehr terroristischer Bedrohungen gegen militärische Einrichtungen eingesetzt.

Für die sehr kleinen Einheiten wie Fluss-Patrouillenboote werden diese Angaben nur klassenweise zusammengefasst.
Schiffskennungen fremder Marinen werden in den Tabellen nicht angegeben, nur ausgenommen im Fall der Royal Navy, wo diese aufgrund des großen Schiffsbestandes sinnvoll und wichtig erscheinen.
Die listenmäßige Erfassung der Schiffe der U.S. Coast Guard, die im Zweiten Weltkrieg der U.S. Navy unterstellt war, enthält durchwegs die Namen und Kennungen bzw. Klassifikation, aber ansonsten etwas weniger Details zu den einzelnen Einheiten im Vergleich zu den reinen Navy-Einheiten.
Zu allen Klassen finden sich außerdem aussagekräftige und meist relativ großformatige Fotos zum Aussehen der Schiffe und zur Schiffserkennung, die fast durchwegs aus dem offiziellen Archivbestand der U.S. Navy stammen.

Oben rechts: Mitglieder eines Naval Special Warfare-Einsatzkommandos auf einem Patrouillenboot (Special Operations Craft) vom Typ Mark V; ein Schwesterboot ist rechts im Bild zu sehen.

Unten rechts: Ein Special Operations Craft vom Typ Mark V, das auch von den SEALS verwendet wurde.

Zwischen 1920 und 1939 außer Dienst gestellte bzw. umklassifizierte Patrouillen-Fahrzeuge der U.S. Navy

PG-1 Yorktown
PG-2 Petrel
PG-3 Concord
Gunboat No. 4 Bennington
PG-5 Machias
PG-6 Castine
PG-7 Nashville
PG-8 Wilmington umbenannt/umklassifiziert Dover IX-30
PG-9 Helena
PG-10 Annapolis umklassifiziert IX-1
PG-11 Vicksburg
PG-12 Newport umklassifiziert IX-19
Gunboat No. 13 Princeton
PG-14 Wheeling umklassifiziert IX-28
PG-15 Marietta
PG-16 Palos umklassifiziert PR-1
PG-20 Monocacy umklassifiziert PR-2
PG-23 Nantucket ex-Rockport umklassifiziert IX-18
PG-24 Dolphin
PG-25 & PG-26 Rumpfnummern nicht vergeben
PG-27 Marblehead ex C-11
PG-28 Denver ex C-14/CL-16
PG-29 Des Moines ex C-15/CL-17
PG-30 Chattanooga ex C-16/CL-18
PG-31 Galveston ex C-17/CL-19
PG-32 Tacoma ex C-18/CL-20
PG-33 Cleveland ex C-19/CL-21
PG-34 New Orleans umklassifiziert CL-22
PG-35 Topeka umklassifiziert IX-35
PG-36 Albany umklassifiziert CL-23
PG-37 Callao umklassifiziert YFB-11
PG-38 Elcano
PG-39 Pampanga
PG-40 Quiros
PG-41 Samar
PG-42 Villalobos
PG-43 Guam umbenannt/umklassifiziert Wake PR 3
PG-44 Tutuila umklassifiziert PR-4
PG-45 Panay umklassifiziert PR-5
PG-46 Oahu umklassifiziert PR-6
PG-47 Luzon umklassifiziert PR-7
PG-48 Mindanao umklassifiziert PR-8
PG-49 Fulton ex-AS-1

PR-1 Palos ex PG-16
PR-2 Monocacy ex PG-20

PY-1 Mayflower
PY-2 Hawk; 1921 umklassifiziert als IX-14
PY-3 Scorpion
PY-4 Vixen

PY-5 Sylph
PY-6 Nokomis ex-SP-609
PY-7 Aramis ex-SP-418
PY-8 Despatch ex-SP-68
PY-9 Niagara ex-SP-136

SC-353 ex-PC-353
SC-419 ex-PC-419

USS „Yorktown" (Gunboat No. 1); die Indienststellung erfolgte 1889, die Außerdienststellung 1919.

2. Das Klassifikationssystem der U.S. Navy

Juli 1920: Inkrafttreten des modernen Klassifikationssystems der U.S. Navy

Die U.S. Navy führte am 17.7.1920 ihr modernes Klassifikationssystem ein. Davor gab es ab 1885 aber bereits eine Art Vorläufer, ein Registrierungssystem basierend auf dem Schiffstyp und einer Art Serien- oder Identifikationsnummer, um Verwechselungen der Schiffe bei Namensgleichheit zu vermeiden. Jedes Schiff erhielt nach der ausgeschriebenen Bezeichnung des Schiffstyps eine Nummer, die in Klammern daran angehängt wurde, also z.B.: USS „Yorktown" (Gunboat No. 1).

Während des Ersten Weltkrieges erwarb die Navy eine große Vielfalt von zuvor privaten und teilweise sehr kleinen Schiffen und Fahrzeugen zur Verwendung als Patrouillenschiffe, Minenkriegsschiffe und dazu verschiedene Arten von Hilfsschiffen. Von diesen hatten einige idente Namen oder deren Namen hatten bereits früher in der U.S. Navy existiert. Um Verwechselungen zu vermeiden, erhielten sie nun sogenannte Identifikationsnummern („Identification numbers"), die meist mit „Id. No." oder nur „ID" abgekürzt wurden,

In dem neuen, ausgereifteren System ab Juli 1920 bestehen alle Klassifizierungssymbole aus mindestens zwei großgeschriebenen Buchstaben. Bei den wichtigsten Grundtypen wird der erste Buchstabe verdoppelt, wie BB (Battleship - Schlachtschiff) oder DD (Destroyer - Zerstörer), mit einigen Ausnahmen, die aus der Zeit heraus zu erklären sind. Der heutige Typ Flugzeugträger, also CV, wurde z.B. ursprünglich vom Kreuzer (als Aufklärungsschiff) abgeleitet, wobei das C für Kreuzer und das V für Aviation stand.

Patrouillenfahrzeuge wurden bei Einführung der Klassifikation 1920 mit dem „P" als erstem Buchstaben des Buchstabenpaars versehen. Der zweite Buchstabe enthielt dann einen Hinweis auf die Aufgabe des Schiffs (z.B. „G" für Gunboat – Kanonenboot). Das Schema zur Klassifikation von Patrouillenschiffen war häufiger Änderungen unterzogen, die im Rahmen der Klassenbeschreibungen erläutert werden. Der Großbuchstabenkombination folgt dann nach einem Bindestrich eine in der Regel nur einmal vergebene Nummer, wobei das erste Schiff des Klassifikationstyps Typs die Nummer „1" erhält, alle weiteren fortlaufend nach Inbaugabe nummeriert werden. Nummern, die für stornierte, nicht fertig gestellte oder exportierte Einheiten vergeben wurden, werden nicht erneut vergeben, so dass Lücken in der fortlaufenden Nummerierung der für die U.S. Navy in Dienst gestellten Schiffe und Boote entstehen.

Diese Art der Klassifikation sollte nicht als marinebürokratische Marotte bzw. eine Art zusätzlicher Verwaltungsaufwand gesehen werden, die schiere Anzahl der Schiffe und Boote machte sie in der U.S. Navy zu einer zwingenden Notwendigkeit, um den Überblick über einzelne Schiffe, Klassen und Typen besser zu behalten und zu organisieren. Allein im Zweiten Weltkrieg dienten in der Navy insgesamt etwa 4,2 Millionen Personen in Uniform, die auf etwa 65.000 schwimmenden Untersätzen eingesetzt waren, vom Flugzeugträger bis zum kleinen Landungs- oder Patrouillenboot. Die Klassifikation gibt dem Fachmann sofort einen groben Hinweis, um welche Einheit es sich in etwa handelt, welche Größe, Eigenschaften und Leistungsvermögen man sich erwarten konnte; mit den Schiffsnamen allein wäre die Organisation ungleich schwieriger gewesen.

Aber besonders eine „P"-Klassifikation allein sagt konkret noch wenig über ein Schiff oder Boot aus, zumal diesen ein gemeinsamer Verwendungszweck bzw. eine gemeinsame Aufgabenstellung fehlte. Natürlich stellte sich für diese Arbeit deshalb zuerst die Frage der Definition von Patrouillenschiffen bzw. Patrouillenfahrzeugen. Bei der großen Anzahl der hier beschriebenen Einheiten ist die Heranziehung klarer Kriterien zur Abgrenzung besonders wichtig. Wie schon in den Büchern „Landungsschiffe der U.S. Navy" und „Minensucher der U.S. Navy" in diesem Verlag, orientieren sich die Autoren auch hier ausschließlich an der amtlichen Klassifikation, d.h. ein Schiff oder Boot wird hier nur dann behandelt, wenn es als solches klassifiziert wurde, was eben ein „P“ für „Patrouille“ einschließen muss, so weitläufig die Typen und Klassen auch aufgestellt sind. In diesem Buch werden folgende Klassifikationskategorien der U.S. Navy als Patrouillenfahrzeuge behandelt:

ASPB	Fluss-Angriffsunterstützung Patrouillenboot / River Assault Support Patrol Boat
BPT	Torpedoschnellboot, gebaut für Großbritannien / British Motor Torpedo Boat
CC(P)B	Coastal Command Boat
PACV	Patrouillen-Luftkissenfahrzeug / Patrol Air Cussion Vehicle
PB	Allwetter-Patrouillenboot / All-Weather Patrol Boat
PBC	Patrouillen-Küsten-Fahrzeug / Patrol Boat, Coastal
PBR	Fluss-Patrouillenboot / River Patrol Boat
PC	U-Boot-Jäger, Stahlrumpf / Submarine Chaser, Steel
PC	Patrol Craft, Coastal
PCE	U-Boot-Jäger, Geleitertyp / Patrol Craft Escort
PCE(R)	U-Boot-Jäger, Geleitertyp (Rettung) / Patrol Craft Escort (Rescue)
PCF	Schnelle Patrouillen Fahrzeuge / Fast Patrol Craft
PCH	U-Boot-Jäger, Tragflügel-Typ / Hydrofoil Submarine Chaser / Patrol Craft, Hydrofoil
PCS	U-Boot-Jäger, Minensuchertyp / Patrol Craft Sweeper
PE	Patrouillen-Fahrzeug / Eagle Class Patrol Vessel
PF	Patrouillen-Fregatte / Patrol Frigate
PG	Kanonenboot / Gun Boat
PGH	Tragflügel-Kanonenboot / Patrol Gun Boat, Hydrofoil
PGM	Motor-Kanonenboot / Motor Gun Boat
PHM	Patrol Combatant (Boat) Missile, Hydrofoil
PR	Fluss-Kanonenboot / River Gun Boat
PTC	U-Boot-Jäger, Schnellboottyp / Motor Boat Submarine Chaser
PTF	Schnelles Patrouillenboot / Fast Patrol (Torpedo) Boat (Craft)
PT	Torpedoschnellboot / Motor Torpedo Boat
PY	Patrouillen-Yachten / Patrol Yacht
PYc	Küsten-Patrouillen-Yacht / Patrol Yacht, Coastal
RPC	Fluss-Patrouillen-Fahrzeug / River Patrol Craft
RPT	Torpedoschnellboot, gebaut für Russland / Russian Motor Torpedo Boat
SC (ex-PC)	U-Boot-Jäger, Holzrumpf / Submarine Chaser, Wood
WPB (ex-CG)	Kutter, Patrouillenboot-Typ (Küstenwache) / Cutter, Patrol Boat Type (Coast Guard)
WPG	Kutter, Kanonenboot-Typ (Küstenwache) / Cutter, Gun Boat Type (Coast Guard)
WPC	Kutter, Patrouillenfahrzeug-Typ (Küstenwache) / Cutter, Patrol Craft Type (Coast Guard)
WYP	Kutter, Patrouillen-Yacht-Typ (Küstenwache) / Cutter, Patrol Yacht Type (Coast Guard)
WYPc	Kutter, Küsten Patrouillen-Yacht-Typ (Küstenwache) / Cutter, Patrol Yacht Type, Coastal (Coast Guard)

Nicht aufgenommen wurden die kleinen:

YP	Hafen-Patrouillen-Fahrzeuge / District Patrol Vessel (Craft)

Ausnahmsweise aufgenommen wurde dagegen lediglich ein Versuchs-U-Boot-Jäger vom Tragflügel-Typ

AGEH	Versuchs-U-Boot-Jäger vom Tragflügel-Typ / Auxillary, general, experimantal, Hydrofoil

Die Verordnung 5030.1E des Marineministers vom August 1968

Die Verordnung bzw. Instruction 5030.1E des Marineministers vom 14. August 1968 ist ein Schlüsseldokument zur Einteilung auch der Patrouillenschiffe, die auch in ihren Grundzügen heute noch gültig ist. Sie beschreibt die einzelnen Klassifikationen in einem umfassenden Anhang, aufgegliedert in vier Kategorien:

1. *List of Combat Ship Classifications*
2. *List of Combat Craft Classifications*
3. *List of Auxillary Ship Classifications*
4. *List of Service Craft Classifications*

Die Kategorie 1, also Kampfschiffe, ist selbst wieder in drei Gruppen unterteilt:

1. *Warships*
2. *Amphibous Warships*
3. *Mine Warfare Ships*

In der Gruppe 1 Warships (Kriegsschiffe) werden u.a. unter der Überschrift „Patrol Ships“ (Patrouillenschiffe) aufgeführt:

PCE	Patrol Escort
PCER	Patrol Rescue Escort
PG	Patrol Gunboat

Die Kategorie 2, also Kampffahrzeuge ist selbst wieder in vier Gruppen unterteilt:

1. *Patrol Crafts*
2. *Landing Crafts*
3. *Mine Countermeasures Crafts*
4. *Riverine Warfare Crafts*

In der Gruppe 1, Patrol Crafts (Kampffahrzeuge), werden aufgeführt:

PCH	Patrol Craft (Hydrofoil)
CCB	Command and Cobtrol Boat
PCS	Patrol Craft, Submarine
PGH	Patrol Gunboat (Hydrofoil)
PTF	Fast Patrol Craft

In der Gruppe 4, Riverine Warfare Crafts Crafts (Fluss-Kriegsführungs-Fahrzeuge), werden u.a. aufgeführt:

ASPB	Assault Support Patrol Boat
PACV	Patrol Air Cushion Vehicle
PBR	River Patrol Boat
PCF	Patrol Craft, Inshore

Die Kategorie 4, also Dienstfahrzeuge sind u.a. aufgeführt:

YP	Patrol Craft (self-propelled)

Später kamen noch die Klassifizierungskategorien **PCB**, **RPC**, **PB** und **CC(P)B** hinzu, sämtlich kleinere Fahrzeuge für Kommandounternehmen und Wachfahrten im Küstenvorfeld und auf Flüssen. Die Kategorie **CCB** wurde ursprünglich für Command and Control Boats in Vietnam verwendet. Die Patrouillen-Boote **(PB)** Mark VI werden auch mit **CCB** in der neuen Bedeutung als Coastal Command Boat bezeichnet, hier werden sie zur Unterscheidung mit **CC(P)B** gekennzeichnet. Die Bezeichnung **PCS** hatte ursprünglich die abweichende Bedeutung Patrol Craft, Sweeper nicht Patrol Craft, Submarine-(Chaser).

Special Boat Team (SBT) 20 mit Mark V Special Operations Craft plus Beiboot (RHIB/Rigid Hull Inflatable Boat).

3. Anmerkungen zur Entwicklung des Bestandes an und des Einsatzes von Patrouillenschiffen der U.S. Navy

Anfänge und Spanisch-US-amerikanischer Krieg 1898

Seit dem 18. Jahrhundert dienten in vielen Marinen kleinere hölzerne Segel- oder Ruderschiffe und Boote, meist mit ein oder zwei vergleichsweise großkalibrigen Kanonen oder Mörsern bewaffnet, zum Einsatz in küstennahen Gewässern, sowie Wachboote zum Schutz und zur Kontrolle von Reeden und Häfen. Ab 1860 wurden dann größere Schiffe, meist mit Dampfantrieb und vermehrt auch in Stahlbauweise verwendet, vorzugsweise auch zum Dienst in kolonialen Besitzungen eingesetzt, die anfangs, z.B. in Großbritannien auch als „Kreuzer dritter Klasse", später aber international als „Kanonenboote" bezeichnet wurden. Nach dem Spanisch-US-amerikanischen Krieg 1898 besaßen auch die USA ein größeres Kolonialreich, in der Karibik (Kuba, Puerto Rico), in Südostasien (Philippinen) und im Pazifik (Guam etc.). Vor Kuba und Manila wurden auch 21 spanische Kanonenboote erbeutet und, unter Beibehaltung ihrer spanischen Namen, in die U.S. Navy eingegliedert. Diese verfügte seinerzeit aber bereits über zwölf seit 1889 gebaute Kanonenboote, von denen einige auch an den Kampfhandlungen beteiligt gewesen waren. So fochten *Petrel* und *Concord* vor Manila in der US-amerikanischen Gefechtslinie. 1914 wurden von der U.S. Navy die ersten kleineren Fluss-Kanonenboote, speziell für den Einsatz in China auf dem Jangtse-Kiang, in Dienst bestellt. Die Kanonenboote dienten im Frieden dem Schutz und der Kontrolle der eigenen Kolonien und dem Schutz des eigenen Handels in Übersee sowie dem „Flagge zeigen". Nicht zuletzt aber auch der politischen Druckausübung gegenüber schwächeren Mächten (sogenannte „Kanonenboot-Politik"), so 1899 die *Wilmington* auf dem Orinoco in Venezuela und ab 1902 wiederholt in Kuba.

Erster Weltkrieg

Bei Ausbruch des 1. Weltkriegs 1914 hatte die U.S. Navy bereits eine durchaus beachtliche Größe erreicht, aber erst mit dem sogenannten „Big Navy Act" (Naval Expansion Act) vom 29.8.1916 initiierte Präsident Woodrow Wilson ihren späteren Ausbau zur global führenden Marinestreitkraft. Trotzdem war Amerikas Marine noch nicht ausreichend auf einen Kriegseintritt vorbereitet, als Wilson im April 1917 dem Deutschen Reich den Krieg erklärte, Österreich-Ungarn dann im Dezember 1917.

Nach dem Kriegseintritt war der Schutz der Nachschublie-

ferungen für die Alliierten und von Truppentransporten nach Europa, insbesondere gegen die Bedrohung durch deutsche U-Boote, Hauptaufgabe der U.S. Navy. Dazu kam auch das Legen von Minensperren, ebenfalls gegen deutsche U-Boote (in der Nordsee zwischen Schottland und Norwegen) und k.u.k. U-Boote (in der Otranto-Straße in der südlichen Adria).
Zur Suche, Verfolgung und Bekämpfung von U-Booten mit Wasserbomben und Artillerie wurden ab 1917 über 400 U-Boot-Jäger (Submarine Chaser), mit insgesamt über 448 Kennungen für 441 Boote (SC-1 bis SC-448), fertiggestellt, wobei davon 100 für den Verbündeten Frankreich in Bau gegeben wurden. Dieser Typ wurde in den USA zur Kriegsvorbereitung bereits ab 1916 entwickelt, mit dem Ziel ein kleines hölzernes Fahrzeug zur Bekämpfung von U-Booten zu schaffen, das sehr schnell und in großer Stückzahl auf kleinen Privatwerften im ganzen Land gebaut werden konnte. Die Ablieferung der ersten Boote erfolgte schon im Sommer 1917, d.h. wenige Monate nach erfolgtem Kriegseintritt. Sie waren ca. 34 m lang, verdrängten Standard etwa 77 ts (85 ts maximal) und waren mit Benzinmotoren für etwa 18 Knoten Geschwindigkeit ausgerüstet. Diese „SC"-Boote jagten üblicherweise in Dreier-Gruppen, nicht nur vor der Ostküste der USA, sondern auch vor den englischen und französischen Küsten sowie entlang der gesamten Britischen Inseln und im Mittelmeer. Der Transfer der kleinen Fahrzeuge nach Europa erfolgte üblicherweise im Schlepp (von je zwei Booten), 121 wurden über den Atlantik nach Europa gebracht. Die Versenkungserfolge gegen U-Boote blieben jedoch sehr überschaubar. Der erste größere Kampfeinsatz der U.S. Navy erfolgte gegen die Kriegsmarine Österreich-Ungarns, als im Oktober 1918 bei einem Angriff der Entente auf den von k.u.k. Truppen gehaltenen Hafen von Durazzo (Durrës) im heutigen Albanien, auch US-Kriegsschiffe eingesetzt wurden (zur Sicherung). Es war konkret ein Verband von 11 amerikanischen U-Bootjägern unter dem Kommando von Captain Charles P. Nelson. Die sich daraus entwickelnden Kampfhandlungen werden als größte direkte „Seeschlacht" (oder Seegefecht) der U.S. Navy im Ersten Weltkrieg bezeichnet („Second Battle of Durazzo"), an der auch zwei k.u.k. U-Boote beteiligt waren. Die noch sehr unerfahrenen Amerikaner meldeten beide feindliche U-Boote als versenkt, was absolut unzutreffend war, denn beide blieben unbeschädigt.
Ab Mai 1918 wurden große Stückzahlen von stählernen Einheiten, die sogenannten „Eagle-Boote", für den gleichen Zweck gebaut, kamen aber für den Kriegseinsatz zu spät. Sie waren kleiner und billiger als zeitgenössische Zerstörer und Torpedoboote, aber deutlich größer und leistungsfähiger als die hölzernen U-Jäger vom SC-1-Typ, ebenfalls mit Benzinmotoren ausgestattet und hatten vor allem einen größeren Aktionsradius. Der Autobauer Henry Ford hatte eine eigene und sehr innovative Produktionsstätte zur Massenfertigung dieser Fahrzeuge an den Großen Seen entwickelt. Der erste Stapellauf erfolgte im Juli 1918, die erste Indienststellung im Oktober 1918. Insgesamt 112 Schiffe wurden in Auftrag gegeben, 60 fertiggestellt. Sie wurden dann später als eigene Klassifikationskategorie mit PE klassifiziert, die SC dagegen mit PC.
Nach dem Kriegseintritt 1917 übernahm die U.S. Navy auch zahlreiche zivile und andere Fahrzeuge zur Verwendung als Patrouillenboote, u.a. den zuvor auf Hawaii internierten deutsche kleinen Kreuzer *Geier* als Hilfs-Kanonenboot *Schurz* (d.h. ironischerweise nach einem deutschstämmigen US-Politiker und General benannt). Auch zahlreiche Yachten wurden zu Patrouillenzwecken angekauft bzw. eingezogen und als Wachschiffe armiert. Nach Kriegsende wurden fast alle der so zahlreich vorhandenen Einheiten zur U-Boot-Bekämpfung rasch wieder außer Dienst gestellt.

Prohibitions-Patrouillen

Von 1920 bis 1933 hatte der US-Kongress die Alkoholprohibition durchgesetzt. Gleichwohl wurde Alkohol illegal produziert oder eingeschmuggelt und in großem Stil heimlich konsumiert. So sollen allein im Staate New York 1927 30.00 bis 100.000 illegale Alkoholausschankstellen („Flüsterkneipen") bestanden haben. Die Unterbindung des Alkoholschmuggels über See oblag der U.S. Coast Guard. Speziell auch zu diesem Zweck wurden ab 1924 über 200 Patrouillenboote für diese gebaut, von denen einundfünfzig nach Ende der Prohibition als Hafen-Wachboote an die U:S. Navy abgegeben wurden. Noch 1931 wurden sechs neue, deutlich schnellere „Rum Runners Pursuit Craft" von der Küstenwache in Dienst gestellt. 67 Patrouillenboote waren 1941 noch im Dienst der U.S. Coast Guard und wurden im Zweiten Weltkrieg eingesetzt.

Zweiter Weltkrieg

Im Zweiten Weltkrieg, in den die USA nach dem japanischen Überfall auf Pearl Harbour Anfang Dezember 1941 auch offiziell eintraten, stellte wieder die Abwehr deutscher U-Boot-Angriffe eine Hauptaufgabe der Patrouillenschiffe der U.S. Navy dar. Die U-Boote der Kriegsmarine operierten nun auch an der US-amerikanischen Ostküste und in der Karibik. Daneben waren auch die japanischen U-Boote im Pazifik zu bekämpfen.
Zu diesem Zweck war bereits seit dem Frühjahr des Jahres

eine neue Klasse von hölzernen U-Boot-Jägern in Bau gegeben worden, von denen über 400 für die U.S. Navy in Dienst gestellt wurden. Parallel dazu wurden ab Sommer 1941 erstmals Serien von U-Boot-Jäger mit Stahlrumpf gebaut, in verschiedenen Klassen weit über 300 Einheiten. Daneben wurden auch ursprünglich als Minensucher konzipierte Einheiten zur U-Boot-Jagd eingesetzt. Neben 25 von der Royal Navy übernommenen Korvetten der „Flower"-Klasse, die bei der U.S. Navy als „Kanonenboote" klassifiziert wurden, wurden zum Zwecke des Schutzes der Hochsee-Konvois, ebenfalls nach britischem Entwurf, Patrouillen-Fregatten gebaut (PF-1 bis PF-102). Auch die Kanonenboote und neuen Fahrzeuge („Kutter") der U.S. Coast Guard waren in der U-Bootbekämpfung eingesetzt.

Neu für die U.S. Navy war der Bau von kleinen, sehr schnellen Torpedo- und Artillerie-Booten, d.h. grundsätzlich von Fahrzeugen, die im Deutschen als „Schnellboote" bezeichnet werden (oft aber auch fälschlicherweise als „Torpedoboote"). Die Entwicklung dieses Typs begann vor dem Ersten Weltkrieg (lange nach den Torpedobooten) in Großbritannien, in Italien und in Deutschland und ist eng mit der Entwicklung von leistungsfähigen Verbrennungsmotoren verbunden (Benzin- und Dieselmotoren). Die kleinen Fahrzeuge, oft aus Holz gebaut, erreichten üblicherweise Geschwindigkeiten von über 40 bis 45 Knoten. Ihr Vorteil lag in der kleinen Silhouette, verbunden mit hoher Geschwindigkeit und effizienter Bewaffnung (vor allem Torpedos, aber auch Minen und Wasserbomben), wodurch sie besonders bei schlechter Sicht und vor zerklüfteten Küsten sehr effizient operieren konnten. Sie konnten zudem als kleine Minenleger verwendet werden. Auch im Englischen gab es Probleme mit der Bezeichnung, da der Begriff „Torpedo Boats" ja auch dort schon besetzt war. Man subsumierte sie in der Royal Navy unter „Fast Attack Craft" als Oberbegriff, konkret aber meist unter einer recht treffenden Bezeichnung als „Motor Torpedo Boats" (MTBs) bzw. „Motor Gunboats" (MGBs). Die deutschen Schnellboote (S-Boote) der Kriegsmarine nannte man dort dagegen, wenig sinnvoll, die „E-Boats", wobei das „E" für „Enemy" stand. Die U.S. Navy, die den Typ auf Basis britischer Entwürfe entwickelte, reihte ihn dagegen bei den Patrouillenbooten ein und nannte die Fahrzeuge „PT-Boats", mit „P" für „Patrol und „T" für Torpedo.

Sie wurden in den USA in riesigen Stückzahlen gebaut und kamen insbesondere zum Einsatz in den küstennahen Gewässern südostasiatischer und pazifischer Inseln, und später auch im Mittelmeer. Neben dem Einsatz gegen feindlichen Nachschubverkehr und feindliche leichte Überwasserstreitkräfte, der Absicherung und Abwehr von Landungsunternehmen sowie dem Transport und der Versorgung von Kommandoeinheiten, gehörte auch die U-Boot-Jagd zu ihren Aufgaben. Von etwa 800 überwiegend in den USA gebauten Einheiten gingen weit über hundert leihweise an Großbritannien und an die Sowjetunion. Die PTs, als Schnellboote mit Torpedobewaffnung, hatten besonders spektakuläre Einsätze und Erfolge im pazifischen Inselkrieg. Viele ihrer Verluste durch Strandungen auf Riffen und Atollen geschahen unter feindlichem Feuer. Auch hier erfolgte nach dem Krieg die rasche Außerdienststellung fast aller Einheiten, oft wurde die Zerstörung noch in Übersee angeordnet (häufig durch schlichtes Anzünden der Holzboote). Einige Torpedo-Schnellboote (und alle Fluss-Kanonenboote) der U.S. Navy gingen bereits Anfang des Krieges in China und auf den Philippinen verloren.

Korea- und Vietnam-Krieg

Im Korea-Krieg von 1950 bis 1953 setzten die U.S. Navy und U.S. Coast Guard im Küstenvorfeld Kanonenboote und Kutter, sowie stählerne U-Boot-Jäger ein. Manche, zum Teil reaktivierte, Einheiten gingen früher oder später auch an Süd-Korea und Taiwan. Dort gingen einige durch Minentreffer oder Artilleriebeschuss verloren.

Für den Vietnam-Krieg von 1961 bis 1975 wurden bis 1973 neben Kanonenbooten und Kuttern, sowie U-Boot-Jägern der U.S. Navy und der U.S. Coast Guard, auch neu hierfür konzipierte Fluss-Patrouillenboote, Schnellboote (inklusive einiger Hovercrafts), in hohen Stückzahlen von insgesamt fast 700 Einheiten gebaut. Hiervon gingen die meisten früher oder später an Süd-Vietnam, viele davon gingen verloren oder wurden am Ende des Krieges von Nord-Vietnam erbeutet. Auch die sechzehn seit 1966 gebauten neuen Patrouillen-Kanonenboote wurden intensiv in Vietnam eingesetzt, ebenso wie die neuen, seit 1963 vor allem in Norwegen gebauten Schnellboote, wobei immerhin sechs verloren gingen. Auch die neuen Tragflügel-Kanonenboote *Tucumcari* und *Flagstaff* kamen versuchsweise in Vietnam zum Einsatz.

Kalter Krieg, Golf-Kriege, „Drogenkrieg"

Die 51 für die U.S. Navy (plus 18 weitere für fremde Marinen) ab 1980 in Dienst gestellten, ursprünglich als „Patrouillen-Fregatten" klassifizierten und mit Flugkörpern ausgestatteten Fregatten der „Oliver Hazard Perry"-Klasse, dienten als Geleitschiffe zur Luft- und U-Boot-Abwehr, auch in Kampfgruppen der U.S. Navy und ihrer Verbündeten. Sie waren in jeder Hinsicht „richtige" Fregatten, aber unter dem Projektnamen „Patrol Frigates" (PF) entwickelt worden; aber nur die ersten vier Einheiten wurde noch als PF genehmigt und in Auftrag gegeben, die restlichen viel passender als Lenkwaffen-Fregatten mit Kennung FFG. Im Ersten Golfkrieg wurden 1987/88 zwei Einheiten durch Lenkwaffen bzw. Minen stark beschädigt. Im Zweiten Golfkrieg 1990 konnte auch die Präsenz von zwei dieser Fregatten im Golf den Überfall auf Kuwait nicht verhindern.

Die sechs ab 1977 in Dienst gestellten, ursprünglich eigentlich für die Entlastung von Lenkwaffen-Zerstörern und -Fregatten konzipierten, Lenkwaffen-Tragflächen-Schnellboote der „Pegasus"-Klasse und später die vierzehn Patrouillen-Küstenfahrzeuge der „Cyclone"-Klasse, die ab 1993 in Dienst kamen, dienten vor allem dem Einsatz von Kommando- und Spezialeinheiten, auch im „Drogenkrieg" in der Karibik und vor Südamerika. Den gleichen Zwecken dienten die seit 1973 gebauten kleineren Patrouillenboote. Die meisten der hier genannten Klassen und Einheiten sind aber bereits zwischenzeitlich wieder außer Dienst gestellt worden.

Ausblick

Ähnlich wie bei den Minensuchern hat die U.S. Navy ihre im Krieg so beeindruckend hohen Stückzahlen an Patrouillen-Einheiten unmittelbar nach dem Krieg sehr schnell und drastisch zurückgefahren. Einige Einheiten gingen an Verbündete, viele wurden noch eine Zeit lang „eingemottet" in Reserve gehalten. Neubauten erfolgten allenfalls in kleinen Serien, meist zu Experimentalzwecken, häufig wurden die in Dienst gestellten Boote vergleichsweise rasch wieder außer Dienst gestellt bzw. an die U.S. Coast Guard oder Verbündete abgegeben.
Gegenwärtig unterhält die U.S. Navy nur wenige kleine Patrouillenboote, speziell zum Einsatz von Kommandotruppen. Auch hier sieht man die Tendenz der U.S. Navy, sich in Friedenszeiten vor allem auf den Betrieb spektakulärer „Dickschiffe" und ihre Begleiter zu konzentrieren, und den Betrieb kleinerer Einheiten an die NATO- und anderen Verbündeten zu delegieren. Aber auch diese Marinen, wie z.B. die Deutsche Marine und die Royal Navy, unterhalten teilweise gar keine Schnellboote oder speziellen U-Boot-Jäger mehr, sondern in dieser Kategorie nur noch eine sehr überschaubare Anzahl kleinerer Korvetten bzw. Wachschiffe.

Ein modernes Mk VI Patrouillenboot, aufgenommen im Juni 2020.

4. Die Patrouillenschiffe der U.S. Navy nach Typen und Klassen

4.1 Kanonenboote (PG, PY, PYc, PGM, PR)

Vorab hier ein paar Anmerkungen zu den in diesem Abschnitt behandelten Schiffsklassen. Als „Kanonenboote“ bezeichnet man traditionell einen Typ von meist kleineren Kriegsschiffen mit Artilleriebewaffnung, zum Einsatz im küstennahen Bereich oder auf Binnengewässern. Sie erfüllen Aufgaben als klassische Patrouillen- und Wachfahrzeuge, können auch zur Artillerieunterstützung von Landstreitkräften eingesetzt werden oder auch zur Durchsetzung staatlicher Hoheitsansprüche und Interessen, wobei ihre Bewaffnung dabei oft eher symbolischer Natur ist. Ursprünglich wurden sie bei verschiedenen Marinen auch als „Kreuzer IV. Klasse“ bezeichnet, dienten Ende des 19. und Anfangs des 20. Jahrhunderts insbesondere in den Kolonialbesitzungen und selbstbestimmten Einflusszonen der Großmächte, dem „Flagge zeigen“ und der sprichwörtlichen „Kanonenboot-Politik“.
In der U.S. Navy wurden solche Fahrzeuge, die zuvor als „Gunboat No.“ plus Laufnummer geführt wurden, mit Einführung des neuen Klassifikationswesens 1920 als „PG“ klassifiziert, eine Buchstabenkombination für „Patrol“ und „Gun“. Zu ähnlichen Einsatzzwecken angekaufte und bewaffnete, ehemals private Luxus-Yachten wurden ab 1920 als „PY“ (Patrol Yacht) klassifiziert (solche Yachten von z.T. bekannten Geschäftsleuten, Schauspielern und diversen Millionären wurden dann auch bei Beginn des Zweiten Weltkriegs für die U.S. Navy requiriert.)
Ebenfalls für den „Kolonialdienst“, speziell aber auf chinesischen Flüssen, wurden Ende der 1920er Jahre Fluss-Kanonenboote (River Gunboats) neu gebaut bzw. kleinere Kanonenboote hierzu umklassifiziert, konkret auf „PR“, das „R“ stand hier für „River“. Sie wurden später direkt in China gebaut und dienten dort der klassischen „Kanonenbootpolitik“ im militärisch-diplomatischen Sinn, bis tief ins chinesische Binnenland, vorwiegend am Jangste-Kiang. Höhepunkt des oft von Spannungen begleiteten Einsatzes war die Versenkung eines amerikanischen Kanonenbootes bei Nanking 1937 durch die Japaner, die auch ihre Großmachtinteressen mit militärischen Mitteln massiv und tief nach China hineintrugen.
Später, kurz vor Beginn des Zweiten Weltkrieges wurde die Bezeichnung „PG“ deutlich ausgeweitet und auch an Schiffe vergeben, die zum klassischen Geleitdienst und zur U-Boot-Jagd auf hoher See verwendet wurden. Es handelte sich teilweise um Einheiten in der Größenordnung von fast 2000 ts, mit starker Artilleriebewaffnung (stärker als ein Zerstörer) und 20 Knoten Geschwindigkeit, d.h. gleichzeitig deutlich langsamer als ein Zerstörer. Danach wurden auch von der U.S. Navy verwendete klassische Korvetten zur U-Jagd (britische „Flower“-Klasse) als Patrouillen-Kanonenboote mit PG klassifiziert.
Später wurden dann große Motorboote mit Artilleriebewaffnung als „PGM“ (Motor-Kanonenboote) bezeichnet. Diese PGM waren mit ca. 150 bis maximal 450 ts groß, d.h. deutlich kleiner als die oben genannten PG und sollten vor allem die Schnellboote artilleristisch schützen.
Im Zweiten Weltkrieg wurden darüber hinaus kleinere, übernommene und bewaffnete ehemalige Privatyachten, aber auch Trawler, als „PYc“ klassifiziert, das kleine „c“ stand hier für den küstennahen Einsatz (Coastal Patrol Yacht). Diese Fahrzeuge werden auch in diesem Abschnitt behandelt.
Die in den 1960er Jahren gebauten 240 ts Patrouillenfahrzeuge der *Asheville*-Klasse (Motor-Kanonenboote/Patrouillen-Kanonenboote) wurden zunächst als PGM in Auftrag gegeben und einige damit sogar in Dienst gestellt, dann aber alle 1967 zu „PG“ umklassifiziert. Von den 1950er bis in den frühen 1970er Jahren wurde die Klassifikation auch für eine zum Export an die Philippinen und an Brasilien designierte Schiffsklasse verwendet (Von diesen und allen nachfolgenden Klassen, die nicht für die U.S. Navy gebaut und in Dienst gestellt wurden, wird aus Platzgründen generell auf Fotos verzichtet.).

4.1.1 Kanonenboote (PG)

4.1.1.1 PG-17 Dubuque -Klasse

Der Bau diese beiden Kanonenboote wurde 1902 autorisiert, 1903 wurden sie auf Kiel gelegt. Die Indienststellung von USS *Dubuque* als Gunboat No. 17 erfolgte im Juni und die von USS *Paducah* als Gunboat No. 18 im September 1905. Sie waren speziell für den Einsatz in der Karibik entworfen worden. Obwohl im Äußeren deutlich unterschiedlich zur *Wheeling*-Klasse (Gunboat No. 14), waren sie in der Rumpfkonstruktion dieser sehr ähnlich. Es folgten nach dem Ersten Weltkrieg mehrere Umklassifizierungen, zuerst als AG-7 (für „Miscellaneous Auxiliary"), 1922 als IX-23 (für „Unclassified Miscellaneous Auxiliary"). Beide wurden nach 1921 nur noch für Schulzwecke verwendet. Im November 1940 wieder als Patrol Gunboats (PG) umklassifiziert, sogar unter Wiedererhalt ihrer alten Rumpfnummern (als PG-17 und PG-18). Sofort nach dem Zweiten Weltkrieg wurden sie als Kriegsschiffe außer Dienst gestellt.

Schiffserkennung: Inseltyp mit Deckssprung und kurzem Schanzkleid am Bug, zwei Geschütze, hohe, vorne runde Brücke mit Suchscheinwerfer-Plattform darauf, dahinter auf flacherem Aufbaudeck Pfahlmast, Lüfter und ein hoher, schräg geneigter, runder Schornstein, auf dem Achterdeck Geschütz, stark eingezogenes, elliptisches Segelschiffsheck. Das Schwesterschiff *Paducah* hatte die ursprünglichen zwei sehr schmalen Schornsteine behalten.

PG-17 Dubuque; PG-18 Paducah	
Stapelläufe	1904
Wasserverdrängung	990 ts
Abmessungen (LxBxT)	65,7 x 10,7 x 3,7 m
Antrieb	Dampfmaschinen, 1000 PS, 2 Wellen
Geschwindigkeit	10 kn
Bewaffnung	1 x 12,7; 2 x 10,2; 1 x 7,6 cm

Bauwerft (1):
Gas Engine and Power Co. and Charles L. Seabury and Co., Long Island, N.Y.

PG-17 Dubuque ex-IX-9, ex AG-6, ex Gunboat No. 17
PG-18 Paducah ex-IX-23, ex AG-7, Gunboat No. 18

Das 1904 vom Stapel gelaufene „Gunboat No. 17", die USS „Dubuque", ursprüngliches Aussehen; es wurde nach 1921 nur noch für Schulzwecke verwendet, aber 1941 wieder als Kanonenboot in Dienst gestellt (PG-17).

Kanonenboot PG-18 „Paducah" in den 1930er Jahren auf den Großen Seen, aufgenommen als Schulschiff der Naval Reserve.

4.1.1.2 PG-19 Sacramento -Klasse

Ursprünglich als deutlich größeres Kanonenboot geplant, der Entwurf wurde aber aus Kostengründen stark reduziert. Noch mit Hilfsbesegelung ausgestattet. Die Kiellegung erfolgte 1913, im Jahr 1914 die Indienststellung als Gunboat No.19 USS *Sacramento*. Diese Klassifikation wurde durch das moderne System vom Juli 1920 auf PG-19 adaptiert und diese auch bis zur Außerdienststellung 1946 beibehalten.

Schiffserkennung: Glattdecker (Flushdecker) mit geringem Deckssprung, Geschütz auf der Back, zwei flachen Aufbauten vor und hinter der Schiffsmitte, darauf vorne Steuerhaus, dahinter Schrägmast mit Krähennestern, auf dem hinteren Aufbau sehr hoher, schlanker Schornstein, auf dem lang gestreckten Achterdeck zwei Geschütze hintereinander, dazwischen ein weiterer schräger Mast, stark eingezogenes elliptisches Segelschiffsheck.

PG-19 Sacramento	
Stapelläufe	1914
Wasserverdrängung	1025 ts
Abmessungen (LxBxT)	69 x 12,4 x 2,8 m
Antrieb	Dampfmaschine, 950 PS,1 Welle
Geschwindigkeit	12,5 kn
Bewaffnung	2 x 10,2; 1 x 7,6 cm

<u>Bauwerft (1):</u>
William Cramp and Sons SB Co., Philadelphia, Pa.

PG-19 Sacramento, ex Gunboat No.19

USS „Sacramento" (PG-19), 1914 vom Stapel gelaufen, hier in einem Lichtbild in chinesischen Gewässern in der Zwischenkriegszeit.

4.1.1.3 PG-21 Asheville -Klasse

Im Prinzip eine Weiterentwicklung auf Basis der Erfahrungen mit der *Sacramento*-Klasse, die unmittelbar nach Kriegseintritt der USA 1917 zur Bauausführung kam, der Bau wurde aber nicht prioritär behandelt und sehr langsam ausgeführt. Das Typschiff USS *Asheville* (Gunboat No. 21) stellte erst 1920 in Dienst, die 1919 auf Kiel gelegte USS *Tulsa* erst 1923 (schon als PG-22). 1920 wurde auch *Asheville* als PG klassifiziert, unter Beibehaltung der Rumpfnummer 21. Beide dienten bei Kriegsausbruch in Asien, wo PG-21 Anfang 1942 südlich von Java versenkt wurde (der einzige Überlebende starb in japanischer Kriegsgefangenschaft). PG-22, *Tulsa* wurde Ende 1944 in *Tacloban* umbenannt (um den Städtenamen *Tulsa* für einen schweren Kreuzer frei zu bekommen) und nach Kriegsende außer Dienst gestellt.

Schiffserkennung: Sehr ähnlich PG-19, jedoch 5 Meter länger, zusätzliche Deckshäuser auf den Aufbauten, hinterer Mast vor den beiden Geschützen. PG-22 fuhr seit 1938 mit deutlich gekürztem Schornstein und seit 1943 ohne hinteren Mast und mit breiter Flak-Plattform hinter dem Schornstein.

PG-21 Asheville; PG-22 Tulsa	
Stapelläufe	1918 und 1922
Wasserverdrängung	1200 ts
Abmessungen (LxBxT)	73,6 x 12,6 x 3,1 m
Antrieb	Turbine, 1200 PS, 1 Welle
Geschwindigkeit	12 kn
Bewaffnung	3 x 10,2; 4 x 7,6 cm

Bauwerft (1):
Charleston Navy Yard, Charleston, S.C.

PG-21 Asheville, 3/1942 bei Java versenkt (jap. Zerstörer Arashi und Nowaki)
PG-22 Tulsa; 1923 umbenannt in Tacloban (um Namen frei zu bekommen für CA-129)

PG-22 „Tulsa", Breitseitaufnahme von Steuerbord, in den 1920er Jahren.

Die Besatzung von USS Tulsa (PG-22) in einem Erinnerungsfoto aus Hongkong, aufgenommen am 7.8.1941.

Wie viele ältere Kanonenboote dienten auch PG-21 und PG-22 der „Asheville"-Klasse vor dem Zweiten Weltkrieg bei der Asiatic Fleet, die auf den Philippinen ihr Hauptquartier hatte. Hier PG-21 „Asheville" in China in den 1920er Jahren.

4.1.1.4 PG-50 Erie -Klasse

Nach langer Pause beim Bau von Kanonenbooten wurden 1934 die beiden Einheiten PG-50 und PG-51 der *Erie*-Klasse als solche auf Kiel gelegt und 1936 in Dienst gestellt. Diese großen Schiffe waren im Lichte der der Flottenabkommen mit vier 15,3 cm Geschützen schon fast als Ersatz für leichte Kreuzer anzusehen. PG-50 wurde 1942 vor Curacao von einem deutschen U-Boot torpediert und sank später beim Einschleppen. PG-51 diente in Alaska, stellte 1946 außer Dienst und diente danach noch zehn Jahre der Massachusetts Marine Academy als Schulschiff.

Schiffserkennung: Glattdecker (Flushdecker) mit deutlichem Decksprung, Geschützturm auf der Back, in der Schiffsmitte lang gestreckter, in der Mitte hoher, Aufbau mit je einem Geschützturm darauf am vorderen und hinteren Ende, Steuerhaus mit Entfernungsmessgerät, Dreibeinmast vorn mit Krähennest, hohem schräg gestellten Schornstein mit tief abgesetzter Kappe und kleinem Pfahlmast hinten darauf. Auf dem langen Achterdeck Geschützturm und Wasserbomben-Ablaufschienen beidseits am stark eingezogenen elliptischen Segelschiffsheck. Auffällige, „gelocht" wirkende, Stützen des Bootsdecks an den Seiten.

PG-50 Erie; PG-51 Charleston	
Stapelläufe	1936
Wasserverdrängung	1900 ts
Abmessungen (LxBxT)	100,2 x 12,6 x 3,5 m
Antrieb	Turbinen, 6200 PS, 2 Wellen
Geschwindigkeit	20 kn
Bewaffnung	4 x 15,3 cm; 16 x 4,0 AA cm, 1 Seeflugzeug, Wabo

__Bauwerften (2):__
New York Navy Yard, Brooklyn, N.Y. (PG-50)
Charleston Navy Yard, Charleston, SC (PG-51)

PG-50 Erie; 12/1942 bei Bergung gesunken (nach Torpedo U 163 vor Curacao 11/1942)
PG-51 Charleston; 1948 Massachusetts Maritime Academy

PG-50 „Erie", Typschiff der gleichnamigen Klasse von zwei Einheiten und erster Neubau eines großen Kanonenbootes nach dem Ersten Weltkrieg mit Stapellauf 29.1.1936; das Foto wurde im Herbst des gleichen Jahres aufgenommen, wenige Wochen nach der Indienststellung.

Detailaufnahme der Mittschiffspartie von USS „Erie" (PG-50), ein Bild vom 3.8.1937. Das Schiff wurde am 12.11.1942 vor den Niederländischen Antillen von U 163 torpediert und sank nachfolgend am 5.12. beim Versuch, es einzuschleppen.

PG-51 „Charleston" diente nach der Außerdienststellung 1946 noch lange der Massachusetts Marine Academy als Schulschiff. Die Aufnahme entstand Ende der 1940er Jahre vor Cape Cod, Massachusetts.

4.1.1.5 PG-84 -Klasse

Motor-Kanonenboote/Patrouillen-Kanonenboote PG-84 bis PG-101: Siehe PGM-84 -Klasse (Abschnitt 4.1.4.8).

4.1.2 Patrouillen-Yachten (PG, PY, PYc)

4.1.2.1 PG-52 bis PG-61, PG-71

Diese elf Patrouillen-Yachten PG-52 bis PG-72 waren alle zwischen 1.100 und über 3.000 ts vermessen und, mit einer Ausnahme, zwischen 1927 und 1931 gebaut und 1940 bis 1942 für die U.S. Navy in Dienst gestellt worden.

PG-54 ging nach Kollision 1944 und PG-57 durch deutschen U-Boot-Torpedotreffer 1943 verloren. Eine Einheit war zuvor kurz als Küsten-Minenleger (CMc) klassifiziert, drei Einheiten wurden 1943 als Torpedoschnellboot-Tender zu „AGP“ umklassifiziert, davon ging eine 1943 durch Fliegerbomben vor den Salomonen verloren. Die meisten übrigen Einheiten wurden nach Ende des Krieges an die Eigner zurückgegeben oder veräußert.

Schiffserkennung: Alle Einheiten hatten einen Schornstein etwa in der Schiffsmitte, alle hatten zwei Masten, zum Teil an Segelyachten (PG-52, 54 und 58), die meisten an Fährschiffe erinnernde Rumpfformen, PG-52, 55, 58, 59 und 60 waren Glattdecker (Flushdecker), die anderen Backdecker. Der Großteil hatte ein oder zwei Geschütze nebeneinander auf der Back und eines auf dem achteren Aufbauten-Ende oder dem Achterdeck. PG-57 hatte ein überhöhtes zweites Geschütz vorn vor der Brücke.

Die großen, als Kanonenboote mit Klassifikation „PG“ übernommenen Yachten hatten durchwegs individuelles Aussehen und auch völlig unterschiedliche technische Spezifikationen. PG-53 „Vixen“ wurde in den späten 1920ern als Yacht „Hi-Esmaro“ gebaut, hier eine Luftaufnahme vor der Philadelphia NY 1944. Die ehemaligen Yachten hatten zum Teil sehr interessante Schiffsgeschichten und Schicksale, die jeweils ganze Bücher füllen könnten.

PG-54 „St. Augustine", gebaut 1929 als Yacht „Viking" bei Newport News Shipbuilding für den Millionär George L. Baker. 1938 kaufte sie der Kaufhaus-König Norman B. Woolworth und nannte sie „Naporo" (nach den Anfangsbuchstaben seiner Kinder Norman, Pamela und Robert). Im Dezember 1940 von der Navy requiriert und 1944 in Kollision mit dem Tanker „Camas Meadows" mit einem erheblichen Teil der Besatzung gesunken. Hier eine Backbord-Seitenaufnahme vor der Boston NY 1941.

PG-52 bis PG-61, PG-72	
Stapelläufe	1940 bis 1942
Wasserverdrängung	1108 bis 3060 ts
Abmessungen (LxBxT)	68,3 bis 101,6 x 10,4 bis 19, 7 x 3,9 bis 5,8 m
Antrieb	Diesel*, 2100 bis 6000 PS, 2 Wellen
Geschwindigkeit	14 bis 17 kn
Bewaffnung	0 bis 1 x 10,2; 1 bis 2 x 7,6; 0 bis 2 x 4 cm, bis zu 9 MG, WaBo

*je 1 Turbinen bzw. Dampfmaschinen

Bauwerften (5):
Bath Iron Works, Bath, Maine: PG-52, 56, 58, 59
Krupp Germania Werft, Kiel: PG-53, 57, 60, 72
Newport News SB and DD Co., Newport News, Va.: PG-54
Pusey and Jones Corp., Wilmington Del.: PG-55
Great Lakes Engine Works, Ecorse, Mich.: PG-61

PG-52 Niagara, ex-CMc-2 (ex Yacht Hi-Esmaro); 1/1943 AGP-1
PG-53 Vixen (ex Yacht Orion)
PG-54 St. Augustine (ex Yacht Naporo, ex Viking), 1/1944 nach Kollision gesunken
PG-55 Jamestown (ex Yacht Adler, ex Savarona); 1/1943 AGP-3
PG-56 Williamsburg (ex Yacht Aras II); 11/1945 AGC-369 (Präsidentenyacht); 1962 NSF
PG-57 Plymouth (ex Yacht Alva)
PG-58 Hilo (ex Moana, ex Yacht Caroline); 1943 umklassifiziert als AGP-2
PG-59 San Bernardino (ex Yacht Vanda)
PG-60 Beaumont (ex Yacht Carola, Chalena, Reveler)
PG-61 Dauntless (ex Yacht Delphine)
PG-72 Nourmahal ex WPG-72 (ex Yacht Nourmahal); 1943 WPG-122

PG-57 „Plymouth“ in einer Vorkriegsaufnahme. Das Schiff wurde 1931 als Yacht „Alia“ von der Germaniawerft in Kiel für den Millionär William K. Vanderbilt gebaut und im August 1943 von U 566 vor Virginia versenkt.

PG-61 „Dauntless“ in einer Original-Farbaufnahme aus 1942. Im Jahr 1921 als Yacht „Delphine“ gebaut, 1926 ausgebrannt und gesunken, nach vier Monaten im Wasser gehoben und wiederhergestellt. 1942 von der Navy übernommen, diente sie den Großteil des Krieges als Flaggschiff für Admiral Ernest J. King, Commander in Chief, United States Fleet and Chief of Naval Operations (CNO).

4.1.2.2 PY-10, PY-12 bis PY-29, PY-31 bis PY-32

Diese einundzwanzig Patrouillen-Yachten PY-10 bis PY-32 waren alle unter 1.100 ts, jedoch mit mehr als 500 ts Vermessen; sie waren mit einer Ausnahme zwischen 1907 und 1931 gebaut und 1940 bis 1942 für die U.S. Navy in Dienst gestellt worden. Fast alle Einheiten erhielten Edelstein- oder Mineralien-Namen. PY-18 wurde 1944 an Ecuador abgegeben, PY-26 wurde 1942 von einem deutschen U-Boot im Atlantik versenkt, und PY-32 ging 1945 im Taifun vor Okinawa verloren. Die meisten übrigen Einheiten wurden nach Ende des Krieges an die Eigner zurückgegeben oder veräußert. PY-31 gelangte dann 1948 an die israelische Marine.
Davor hatte es seit Einführung des modernen Klassifikationssystems 1920 bereits neun als PY klassifizierten Yachten gegeben, die bereits vor 1939 außer Dienst gestellt wurden (sie-

PY-10, PY-12 bis PY-29, PY-31 & PY-32	
Stapelläufe	1917, 1940 bis 1942
Wasserverdrängung	502 bis 1030 ts
Abmessungen (LxBxT)	51,9 bis 74,9 x 7,9 bis 10,4 x 2,6 bis 5,2 m
Antrieb	Diesel*, 2100 bis 6000 PS, 2 Wellen**
Geschwindigkeit	11 bis 26 kn
Bewaffnung	1 bis 4 x 7,6; 0 bis 4 x 2,8 AA cm, bis zu 6 MG, WaBo

*Turbinen: 1, Dampfmaschinen: 2
**1 Welle: 1

Die 1917 gebaute Yacht „Isabel" als USS „Isabel" (SP 521) mit Mackay-Tarnbemalung in einem Lichtbild vom 31.12.1917. 1920 als PY-10 klassifiziert und bis 1946 für die U.S. Navy in Dienst.

Bauwerften (7):
Bath Iron Works, Bath, Maine: PY-10, 19, 20, 21
George Lawley and Sons, Inc., Neponset, Mass.: PY-12, 17, 28
Pusey and Jones, Wilmington, Del.: PY-13, 15, 16, 23, 25
Krupp Germania Werft, Kiel: PY-18,19
Newport News SB and DD Co., Newport News, Va.:
Ramage and Ferguson Ltd., Leith, Scotland: PY-26
Consolidated Shipbuilding Co., New York: PY-32

PY-10 Isabel, ex-SP-521
PY-12 Sylph, ex-YP-71
PY-13 Siren, ex-CMc-1
PY-14 Argus
PY-15 Coral
PY-16 Zircon
PY-17 Jade
PY-18 Turquoise ex-PC-459; 1944 an Ecuador
PY-19 Carnelian
PY-20 Tourmaline
PY-21 Ruby
PY-22 Azurlite
PY-23 Beryl
PY-24 Almandite
PY-25 Crystal
PY-26 Cythera (I) ex-SP-575; Kriegsverlust 5/1942 vor North Carolina (U 402)
PY-27 Girasol
PY-28 Marcasite
PY-29 Mizpah
PY-31 Cythera (II); 1948 an Israel
PY-32 Southern Seas; 10/1945 im Sturm gesunken

he Liste der zwischen 1920 und 1939 außer Dienst gestellte bzw. umklassifizierte Patrouillen-Fahrzeuge der U.S. Navy).

Schiffserkennung: Alle Einheiten hatten einen Schornstein etwa in der Schiffsmitte und alle zwei Masten, zum Teil an Segelyachten (PY-11, -12, -13, -14, -15, -16, -23, -26, -28 und -32), die meisten eher an Fährschiffe erinnernde Rumpfformen, PY-12, -17, -18, -28, -31 und -60 waren Backdecker, die anderen Glattdecker (Flushdecker). Die meisten hatten ein Geschütz auf der Back und einige eine weiteres achtern. PG-10 hatte zwei nebeneinander stehende Geschütze auf der Back.

PY-14 „Argus" wurde 1929 als „Haida" auf der Germaniawerft in Kiel gebaut und 1940 von der Navy requiriert. Nach kurzer Verwendung für den Coast and Geodetic Survey (USC & GS) von 1942 bis 1946 für die Navy in Dienst. Danach erlebte das Schiff noch viele Jahrzehnte Verwendung als private Yacht, u.a. unter dem Namen „Rosenkavalier" für einen griechischen Besitzer. Das Foto stammt aus Alameda, Ca. vom 3.9.1941.

Die 1929 als „Intrepid“ gebaute Yacht wurde 1940 von der Navy requiriert und als District Patrol Craft YP-71 übernommen und kurz als Patrol Yacht USS „Sylph“ (PY-12) geführt; im Navy-Dienst bis Januar 1946. Eine undatierte Navy-Aufnahme aus dem Zweiten Weltkrieg.

PY-17 „Jade“, am 30.6.1941 aufgenommen. Gebaut 1926 als „Athero II“ und 1940 von der U.S. Navy übernommen, 1943 an Ecuador übergeben, aber bereits 1944 retourniert. Im Dezember 1944 außer Dienst gestellt und der Martime Commission übertragen, sank das Schiff 1948 als „Santa Maria“.

PY-26 in einer Backbord-Breitseitaufnahme vom 2.3.1942. Gebaut 1907 in Leith in Schottland als Yacht „Agawa“ und im Ersten Weltkrieg als USS „Cytheria“ (SP 575) bis 1919 in Verwendung. 1941 erneut requiriert und am 2.5.1942 als PY-26 vor North Carolina von U 402 versenkt.

4.1.2.3 PYc-1 bis PYc-52

Die 52 Küsten-Patrouillen-Yachten PYc-1 bis PYc-52 waren fast alle unter 550 ts, jedoch (mit einer Ausnahme) mit mehr als 100 ts Vermessen; sie waren zwischen 1892 und 1941 gebaut worden. Fast alle wurden 1942 für die U.S. Navy in Dienst gestellt. Sieben Yachten hatten zuvor „PC"-U-Jäger-Kennungen erhalten und wurden 1943 umklassifiziert. Ein umklassifizierter Trawler und eine Yacht hatten 1942 kurze Zeit vorher eine „AM"-Minensucher-Kennung gehabt. Sechs Einheiten wurden nach wenigen Monaten zu Hafen-Wachschiffen (YP) oder Hafen-Schulbooten (YAG) umklassifiziert. Viele Einheiten erhielten auch hier Edelstein- oder Mineralien-Namen. PYc-8 wurde 1943 an Ecuador abgegeben. PYc-9 sank 1943 nach einer Kollision. Die meisten Einheiten wurden gegen Ende des Krieges oder kurz danach an die Eigner zurückgegeben oder veräußert. Keine Kriegsverluste.

Schiffserkennung: Sehr heterogene Klasse, mit einem Schornstein und meist nur einem Mast, zum Teil ohne schwerere Geschützbewaffnung. PYc-40 war ein ehemaliger Trawler.

PYc-1 bis PYc-52	
Stapelläufe	1892 bis 1941
Wasserverdrängung	83 bis 1000 ts
Abmessungen (LxBxT)	29,3 bis 59,5 x 4,5 bis 9,2 x 1,4 bis 5,1 m
Antrieb	Diesel*, 550 bis 2700 PS, 2 Wellen**
Geschwindigkeit	10 bis 18 kn
Bewaffnung	0 bis 2 x 7,6; 0 bis 1 x 4; 0 bis 2 x 2 cm, bis zu 6 MG, WaBo***

* Benzinmotor: 2, Dampfmaschine(n): 4
** 1 Welle: 9. 3 Wellen: 1
*** Raketenwerfer: 1

PYc-6 „Amber" in Seattle, Wa. aufgenommen 1941.Gebaut 1930 als Yacht „Infanta" für einen Schauspieler, 1940 von der Navy requiriert und im Oktober 1944 außer Dienst gestellt, als der Bedarf für ex-Yachten dieser Art nicht mehr groß war. 1945 veräußert, fuhr auch diese als „Thea Foss" noch Jahrzehnte in ziviler Verwendung, bis weit in die 2000er Jahre.

Die als Küsten-Patrouillen-Yachten PYc-1 bis PYc-52 klassifizierten Einheiten waren durchwegs kleiner (unter 550 ts) als die PY-Einheiten. Hier PYc-3 „Amethyst", aufgenommen vor San Francisco am 19.5.1944. Das Schiff wurde als Yacht „Samona II" 1931 gebaut, 1940 von der Navy requiriert und im Februar 1941 in Dienst gestellt. 1944 an die Küstenwache transferiert, dort USCGC „Amethyst" (WPYc-3). 1946 der Maritime Commission zur Veräußerung übertragen, erlebte die alte Yacht danach noch viele Jahrzehnte in ziviler Verwendung.

Bauwerften (21):
Consolidated SB Corp., Morris Heights, N.Y.: PYc-1, 5, 48, 50, 52
George Lawley and Sons, Neponset, Ma.: PYc-2, 23, 32, 41, 44, 49
Craig SB Co., Long Beach, Ca.: PYc-3, 16
Mathis Yacht Building Co., Camden, N.J.: PYc-4, 21
Lake Union Dry Dock Co., Seattle, Wa.: PYc-6
Pusey and Jones Corp., Wilmington, De.: PYc-7
Krupp Germania Werft, Kiel: PYc-8, 9, 12, 15, 17, 38
Luders Marine Construction Co., Stamford, Ct.: PYc-10
Boat and Motor Works, Bay City, Mi.: PYc-11
Lake Union Dry Dock Co., Seattle, Wa.: PYc-13
Herreshoff Manufacturing Co, Bristol, R.I.: PYc-14, 47, 51
Defoe Boat and Motor Works, Bay City, Mi.: PYc-18, 20, 28, 34, 39
Bath Iron Work, Bath, Me.: PYc-19, 22, 30, 35, 36, 45
Henry B. Nevins, City Island, N.Y.: PYc-24
Pusey and Jones Co., Wilmington, De.: PYc-25, 27, 29
Newport News SB and DD Corp., Newport News, Va.: PYc-26
Robert Jacob SY, City Island, N.Y.: PYc-31, 37, 46
Delaware River SB and Engine Works, Chester, Pa.: PYc-33
Bethlehem Steel Co., Quincy, Ma.: PYc-40
White and Co., Ltd., Southampton, Großbritannien: PYc-42
William Muller of Wilmington, Ca.: PYc-43

PYc-1 Emerald
PYc-2 Sapphire
PYc-3 Amethyst
PYc-4 Agate ex-Goldcrest (AM 78)
PYc-5 Onyx
PYc-6 Amber
PYc-7 Aquamarine)
PYc-8 Opal; 1943 an Ecuador
PYc-9 Moonstone; 10/943 gesunken in Kollision mit DD-145 vor Delaware
PYc-10 Topaz
PYc-11 Andradite; 1942 USC & GS Guide
PYc-12 Sardonyx
PYc-13 Jasper
PYc-14 Truant
PYc-15 Garnet

PYc-16 Chalcedony
PYc-17 Pyrope
PYc-18 Peridot
PYc-19 Rhodolite
PYc-20 Jet
PYc-21 Alabaster
PYc-22 Olivin
PYc-23 Sard; 1942 umklassifiziert als YP-261
PYc-24 Iolite; 1942 umklassifiziert als YP-454
PYc-25 Phenakite ex-Sachem (SP-192)
PYc-26 Cymophane
PYc-27 Colleen; 1942 USCGC Colleen (WPYc 27)
PYc-28 Ability
PYc-29 Gallant
PYc-30 Vagrant ex YP-258
PYc-31 Lash
PYc-32 Tourist; 1942 umklassifiziert als YAG-14
PYc-33 Palace; 1942 umklassifiziert als YAG-13
PYc-34 Brave; 1942 umklassifiziert als YP-425
PYc-35 Felicia
PYc-36 Paragon
PYc-37 Mentor
PYc-38 Carolita
PYc-39 Marnell
PYc-40 Captor ex-Eagle (AM 132)
PYc-41 Iolite
PYc-42 Leader
PYc-43 Sea Scout
PYc-44 Perserverance ex-USCGC Bedford (WPYc-364), ex USS Gem (SP 41)
PYc-45 Black Douglas ex-IX-55; ab 1982 El Boughaz I (königl. Yacht von Marokko)
PYc-46 Impetuous ex-PC-454
PYc-47 Patriot ex-PC-455
PYc-48 Persistent ex-PC-456
PYc-49 Retort ex-PC-458
PYc-50 Sturdy ex-PC-460
PYc-51 Valiant ex-PC-509
PYc-52 Venture ex-PC-826

PYc-18 „Peridot", ein Foto aus 1942. Gebaut 1938 als Motoryacht „Bymar", 1941 von der Navy requiriert und im April 1942 in Dienst gestellt. 1946 an die Maritime Commission (MC) zur Veräußerung übertragen (1946 MY „Mimosan"). Nach zahlreichen Besitzerwechseln wurde sie zuletzt 2003 an einen Privatmann in Saudi-Arabien verkauft (als „Al Mojil 5").

PYc-27 „Colleen" am 1.9.1942. Die Yacht wurde 1928 unter diesem Namen gebaut und 1942 von der Navy übernommen, 1945 an die USCG übergeben (als WPYc-27, USCGC „Colleen"), aber kurz darauf außer Dienst gestellt und 1947 via MC verkauft.

4.1.3 Patrouillen-Kanonenboote (PG)

4.1.3.1 PG-62 Temptress -Klasse

Diese 25 auf britischen und kanadischen Werften zwischen 1940 und 1943 gebauten Korvetten, der britischen „Flower"-Klasse wurden bei der U.S. Navy als Patrouillen-Kanonenboote (PG-62 bis PG-100, *Temptress*-Klasse) klassifiziert. Die „Flower"-Klasse umfasste im Zweiten Weltkrieg in Summe fast 300 Schiffe, gelegentlich wird sie auch nach der erstgebauten Einheit als *Gladiolus*-Klasse bezeichnet, die am 19.10.1939 bei der Smiths Dock Company on River Tee bei Middlesbrough in Großbritannien auf Kiel gelegt wurde; Indienststellungen ab Frühjahr 1940. Die ursprünglich in Großbritannien nach Blumen und Pflanzen benannten Korvetten zur Geleitzugsicherung und U-Boot-Abwehr waren aus dem Typ des Walfängers entwickelt worden, Pate stand dabei das auf dieser Werft 1936 gebaute Walfangboot Southern Pride. Der Typ konnte schnell und günstig in größeren Stückzahlen produziert werden, als Antrieb wurden billige Kolbendampfmaschinen verwendet, mit nur einer Welle. Hergestellt wurden die Schiffe der Klasse schließlich auf ca. 30 Werften, darunter zwölf in Kanada. Von US-Werften wurde der Typ nicht gebaut. Die Einheiten der „Flower"-Klasse in der U.S. Navy fuhren als „Patrol Gunboats" der *Temptress*-Klasse, gelegentlich in der Fachliteratur nochmals unterteilt in eine *Temptress*- und *Action*-Klasse.

Der Status dieser Schiffe war teilweise recht unterschiedlich. Einige der ersten Schiffe waren ursprünglich in Großbritannien noch für die französische Marine in Bau gegeben worden, wurden aber nach dem Fall Frankreichs im Juni 1940 von der Royal Navy selbst übernommen und von dieser auch bereits in Dienst gestellt. In Summe wurden die ersten zehn der hier aufgelisteten, durchwegs in Großbritannien gebauten Einheiten (PG 62 bis PG 71) im Reverse-Lend-and-Lease-Verfahren dann leihweise 1942 von der U.S. Navy übernommen und

Insgesamt 25 auf britischen und kanadischen Werften 1940-1942 gebaute Korvetten der britischen „Flower"-Klasse wurden von der U.S. Navy übernommen und als Patrouillen-Kanonenboote der „Temptress"-Klasse mit PG klassifiziert (PG-62-Klasse). Das Foto zeigt USS „Surpise" (PG-63; ex HMS „Heliotrope") im Juni 1944 vor der Charleston NY. 1947 an die nationalchinesische Marine transferiert, fiel das Schiff 1949 in die Hände der Rotchinesen.

1945 an die Royal Navy zurückgegeben (und dort dann meist für zivile Zwecke veräußert, viele zu Walfängern umgebaut).
Die 15 Einheiten der Serie PG-86 bis PG-100 wurden dagegen in Kanada gebaut, ursprünglich für die Royal Navy, aber das gesamte Baulos von der U.S. Navy übernommen, jedoch dann nicht alle Einheiten für die U.S. Navy tatsächlich in Dienst gestellt. Die anderen Schiffe wurden im Rahmen des Lend-Lease Abkommens 1943 an die Royal Navy transferiert und stellten dabei gar nicht erst für die U.S. Navy in Dienst. Sie wurden nach Kriegsende 1945 retourniert und nicht mehr aktiviert. Eine Einheit davon ging 1948 an Argentinien. Eine der neun während des Krieges stets in US-Verwendung befindlichen Einheiten wurde 1951 an Italien abgegeben. Keine Kriegsverluste.
Die ehemalige HMCS *Sackville* der Royal Canadian Navy blieb übrigens als einzige Einheit der „Flower"-Klasse erhalten und ist heute als Museumsschiff in Halifax in der Provinz Nova Scotia zu besichtigen.

Schiffserkennung: Trawler-ähnliches Design. Backdecker, im hinteren Drittel um ein Deck abgesenkt, erhöhte Geschützplattform auf der Back, rechteckige Brücke über zwei Decks, Brückennocken mit Gittern abgestützt, an die Brücke anschließend flacher Aufbau mit Pfahl- oder Dreibeinmast, Lüftern und hohem, schräg geneigten, runden Schornstein, auf dem Achterdeck langer Aufbau in der Höhe des Backdecks mit Geschütz hinten, seitlich Wasserbombenwerfer und am eingezogenen, runden Heck zwei Wasserbombenablaufschienen. Anfänglich noch britische Radar-2 „Laterne" auf dem Steuerhaus.

PG-66 „Restless" (ex HMS „Periwinkle"), 1940 im nordirischen Belfast vom Stapel gelaufen, in einer Aufnahme aus 1945. Nach Kriegsende an die Royal Navy retourniert und zur zivilen Verwendung verkauft (SS „Perilock").

PG-67 „Ready" (ex HMS „Calendula") der „Temptress"-Klasse in einer Luftaufnahme aus dem Zweiten Weltkrieg. Der Entwurf dieser Korvetten basiert auf einem kommerziellen Walfänger-Typ, wie hier auch etwas erahnbar.

PG-62 bis PG-71, PG-86 bis PG-100	
Stapelläufe	1940 bis 1943
Wasserverdrängung	925 ts
Abmessungen (LxBxT)	62,5 x 10,1 x 4,4 m
Antrieb	Dampfmaschine, 2750 PS, 1 Welle
Geschwindigkeit	16 kn
Bewaffnung	1 x 10,2; 1 x 7,6 oder 2 x 7,6 cm; 2 x 2 cm, WaBo

Bauwerften (10):

Smith's Dock Co., Ltd., Middlesboro, Großbritannien: PG-62
John Crown and Sons Ltd., Sunderland, Großbritannien: PG-63
Harland and Wolff, Ltd., Belfast, Nordirland: PG-64-67, 70
Cook, Welton and Gemmill, Hull, Großbritannien: PG-68
Fleming and Ferguson, Paisley, Schottland: PG-69
Grangemouth DD Co., Grangemouth, Schottland: PG-71
Collingwood SY, Collingwood, Ontario, Kanada: PG-86-88, 97-99
Kingston SB Kingston, Ontario, Kanada: PG-89, 90
Midland SY, Midland, Ontario, Kanada: PG-91, 100
Morton Eng. and DD Co., Quebec, Kanada: PG-92-96

PG-62 Temptress ex-HMS Veronica (K 37)
PG-63 Surprise ex-HMS Heliotrope (K 03)
PG-64 Spry ex-HMS Hibiscus (K 24)
PG-65 Saucy ex-HMS Arabis (K 73); 1945 umbenannt in HMS Snapdragon
PG-66 Restless ex-HMS Periwinkle (K 55)
PG-67 Ready ex-HMS Calendula (K 28)
PG-68 Impulse ex-HMS Begonia (K 66)
PG-69 Fury ex-HMS Larkspur (K 82)
PG-70 Courage ex-HMS Heartsease (K 15)
PG-71 Tenacity ex-HMS Candytuft (K 09)

PG-86 Action ex-HMS Comfrey (K 277)
PG-87 Alacrity ex-HMS Cornel (K 278)
PG-88 Beacon ex-HMS Dittany (K 279)
PG-89 Brisk ex-HMS Flax (K 284)
PG-90 Caprice, 1943 an Großbritannien als HMS Honesty (K 285)
PG-91 Clash, 1943 an Großbritannien als HMS Linaria (K 282)
PG-92 Haste ex-HMS Mandrake (K 287)
PG-93 Intensity ex-HMS Milfoil (K 288)
PG-94 Might ex-HMS Musk (K 289)
PG-95 Pert ex-HMS Nepeta (K 290); 1951 an Italien (hydrographischer Dienst)
PG-96 Prudent ex-HMS Privet (K 291);1951 an Italien als Staffetta (hydrographischer Dienst)
PG-97 Splendor, an Großbritannien als HMS Rosebay (K 286)
PG-98 Tact, an Großbritannien als HMS Smilax (K 280); 1948 an Argentinien als República
PG-99 Vim, an Großbritannien als HMS Statice (K 281)
PG-100 Vitality, an Großbritannien als HMS Willowherb (K-283)

4.1.4 Motor-Kanonenboote (PGM)

4.1.4.1 PGM-1 -Klasse

Die acht 148 ts/110 Fuß-Motor-Kanonenboote mit Holzrumpf (PGM-1 bis PGM-8) wurden ab Dezember 1943 aus hölzernen U-Boot-Jägern (SC-497-Klasse, siehe Abschnitt 4.4.1.3) umgerüstet. Die Idee hinter dem Konzept war dabei in der U.S. Navy, dass diese die schlecht bewaffneten und kleinen Schnellboote der Kategorie PT artilleristisch unterstützen sollten. Es gab einen Kriegsverlust. Die sonstigen Einheiten wurden bald nach Kriegsende gestrichen.

PGM-1 bis PGM-8	
Stapelläufe	1942 und 1943
Wasserverdrängung	148 ts
Abmessungen (LxBxT)	33,8 x 5,2 x 2 m
Antrieb	Diesel, 3800 PS, 2 Wellen
Geschwindigkeit	21 kn
Bewaffnung	0 bis 1 x 7,6; 1 bis 2 x 4 cm, bis zu 12 MG, 0 bis 1 x 6 cm Mörser, WaBo

<u>Bauwerften (4):</u>
Peterson Boat Works, Sturgeon Bay, Wisc.: PGM-1, 3
Robinson Marine Construction Co., Benton Harbor, Mi.: PGM-2
Wilmington Boat Works, Inc., Wilmington, Wa.: PGM-4, 5, 8
Mathis Yacht Building Co., Camden, N.J.: PGM-6, 7

PGM-1 ex-SC-644
PGM-2 ex-SC-757
PGM-3 ex-SC-1035; 1947 an Taiwan
PGM-4 ex-SC-1053
PGM-5 ex-SC-1056
PGM-6 ex-SC-1071
PGM-7 ex-SC-1072; 7/1944 bei Kollision mit PGM-4 schwer beschädigt; Totalverlust
PGM-8 ex-SC-1366

Diese Motor-Kanonenboote mit Holzrumpf wurden 1944 auf Basis hölzerner U-Boot-Jägern umgerüstet (PGM-1 bis PGM-8). Hier PGM-6 (ex PC-1071 bzw. SC-1071) vor Newport Beach, Ca. im Januar 1944.

PGM-7 (ex PC-1072 bzw. SC-1072) der PGM-1-Klasse, Stapellauf 1942, in einer Aufnahme vor Kalifornien vom Januar 1944.

4.1.4.2 PGM-9 -Klasse

Nach den improvisierten Umbauten von PGM-1 bis 9 wurden diese 450ts/174 Fuß-Motor-Kanonenboote (PGM-9 bis PGM-32) mit Stahlrumpf 1944 bis 1945 aus U-Boot-Jägern (PC-461-Klasse, siehe dort) umgerüstet, insgesamt 24 Schiffe. Der Umbau mit dem gleichen Einsatzkonzept wie bei der PGM-1-Klasse, d.h. der Artillerieunterstützung der Schnellboote (PTs), erfolgte nun aber bereits auf der Bauwerft. Zwei Kriegsverluste. Sieben Einheiten gingen nach dem Krieg an Nationalchina und sechs Griechenland. Die restlichen Navy-Einheiten wurden bald nach Kriegsende gestrichen.

PGM-9 bis PGM-32	
Stapelläufe	1944 und 1945
Wasserverdrängung	450 ts
Abmessungen (LxBxT)	53 x 7 x 3,3 m
Antrieb	Diesel, 2880 PS, 2 Wellen
Geschwindigkeit	20 kn
Bewaffnung	1 x 7,6; 1 x 4; 6 x 2 cm, bis zu 8 MG, 1 x 6 cm Mörser oder Raketenwerfer, WaBo

Auch diese 24 Einheiten mit Holzrumpf wurden 1944 von hölzernen U-Boot-Jägern auf Motor-Kanonenboote umgerüstet (PGM-9 bis PGM-32). Die Luftaufnahme zeigt das 1943 vom Stapel gelaufene Boot PGM-11 (ex PC-806) mit Tarnanstrich.

<u>Bauwerften (7):</u>
Consolidated SB Co., New York: PGM-9, 19-28
Commercial Iron Works, Portland, Ore.: PGM-10, 11
George Lawley and Son, Inc., Neponset, Mass.: PGM-12-15
Defoe SB Corp., Bay City, Mi.: PGM-16
Gibbs Gas Engine Co., Jacksonville, Flo.: PGM-17
Luders Marine Construction Co., Stamford, Ct.: PGM-18
Leathem B. Smith SB Co., Sturgeon Bay, Wi.: PGM-29-32

PGM-9 ex-PC-1548
PGM-10 ex-PC-805
PGM-11 ex-PC-806
PGM-12 ex-PC-1088, 1948 an Nationalchina; an VR China 1949
PGM-13 ex-PC-1089, 1948 an Nationalchina; 1/1955 von VR China versenkt
PGM-14 ex-PC-1090, 1948 an Nationalchina; an VR China 1949
PGM-15 ex-PC-1091, 1948 an Nationalchina; 1949 an VR China
PGM-16 ex-PC-1148

PGM-12 (ex PC-1088) vor Boston, Mass. am 28.4.1945 kurz nach der Indienststellung in einer Sicht von oben. 1948 an Nationalchina transferiert, fiel es im Bürgerkrieg 1949 der Volksrepublik in die Hände.

PGM-25 (ex PC-1556) der PGM-9-Klasse in der San Francisco Bay, kurz nach Kriegsende.

PGM-17 ex-PC-1189, 6/1945 auf Riff gelaufen
PGM-18 ex-PC-1255; 4/1945 vor Okinawa durch Minentreffer gesunken
PGM-19 ex-PC-1550
PGM-20 ex-PC-1551, 1948 an Nationalchina
PGM-21 ex-PC-1552, 1947 an Griechenland
PGM-22 ex-PC-1553, 1947 an Griechenland
PGM-23 ex-PC-1554
PGM-24 ex-PC-1555
PGM-25 ex-PC-1556, 1947 an Griechenland
PGM-26 ex-PC-1557, 1948 an Nationalchina
PGM-27 ex-PC-1558
PGM-28 ex-PC-1559, 1947 an Griechenland
PGM-29 ex-PC-1565, 1947 an Griechenland
PGM-30 ex-PC-1566
PGM-31 ex-PC-1567, 1948 an Nationalchina
PGM-32 ex-PC-1568

4.1.4.3 PGM-33 Carmines Sur -Klasse

Die 1954 bis 1956 in den USA gebauten sechs 143 ts/102 Fuß Motor-Kanonenboote PGM-33 bis PGM-38 gingen nach Fertigstellung als *Camarines Sur*-Klasse sofort an die Philippinen; sie waren bis 1974 in Dienst.

Schiffserkennung: Lang gestreckter Glattdecker (Flushdecker) mit deutlichem Deckssprung, Geschütz auf der Back, kompakter stromlinienförmiger Brücke mit Pfahlmast am zwei Flak-Wannen am hinteren Ende, dahinter auf dem lang gestreckten Achterdeck zwei weitere Flak-Wannen, Lüfteraufbau und ein Geschütz.

PGM-33 bis PGM-38	
Stapelläufe	1953
Wasserverdrängung	143 ts
Abmessungen (LxBxT)	33,8 x 4,6 x 2 m
Antrieb	Diesel, 1540 PS, 2 Wellen
Geschwindigkeit	18 kn
Bewaffnung	2 x 4; 0 bis 2 x 2 cm, 0 bis 8 MG, 1 x 6 cm Mörser

Bauwerft (1):
Georgia Shipbuilding, Savannah, Ga.: PG-33-38

PGM-33 an die Philippinen als Camarines Sur (PG 48)
PGM-34 an die Philippinen als Sulu (PG 49)
PGM-35 an die Philippinen als La Union (PG 50)
PGM-36 an die Philippinen als Antique (PG 51)
PGM-37 an die Philippinen als Masbate (PG 52)
PGM-38 an die Philippinen als Mismamis Occidental (PG 53)

4.1.4.4 PGM-39 Agusan -Klasse

Die 16 der 110 ts/95 Fuß-Motor-Kanonenboote PGM-39 bis PGM-58 der *Agusan*-Klasse wurden 1959 und 1962 in den USA gebaut, sieben gingen auf MAP-Basis (Military Assistance Programme) sofort an die Philippinen, sechs an Birma und drei an Äthiopien.

Schiffserkennung: Diese Boote ähneln stark den Inshore-Minensuchern der *Cove*-Klasse (MSI-1-Klasse) der U.S. Navy. Glattdecker (Flushdecker) mit geringem Deckssprung und Schanzkleid am Bug, Geschütz auf der Back, zweistufiger Aufbau in der Schiffsmitte mit schrägen Frontseiten und Steuerhaus mit Dreibeinmast darauf, anschließend ein kompakter, sich konisch verjüngendem Schornstein, auf dem flachen Achterdeck Geschütz.

PGM-39 bis PGM-46, PGM-51 bis PGM-58	
Stapelläufe	1959 bis 1962
Wasserverdrängung	110 ts
Abmessungen (LxBxT)	29 x 5,8 x 2,1 m
Antrieb	Diesel, 1900 PS, 2 Wellen
Geschwindigkeit	17 kn
Bewaffnung	0 bis 2 x 4, 0 bis 4 x 2 cm, bis zu 4 MG, 1 x 6 cm Mörser oder Hedgehog, WaBo

Bauwerften (3):
Tacoma Boatbuilding Co., Tacoma, Wa.: PGM-39-42
Marinette Marine Corp., Marinette, Wi.: PGM-43-46, 55-58
Peterson Builders, Sturgeon Bay, Wi.: PGM-51-54

PGM-39 an die Philippinen als Agusan (PG 48)
PGM-40 an die Philippinen als Catanduanes (PG 62)
PGM-41 an die Philippinen als Romblon (PG 63)
PGM-42 an die Philippinen als Palawan (PG 64)
PGM-43 an Birma als PGM-401
PGM-44 an Birma als PGM-402
PGM-45 an Birma als PGM-403
PGM-46 an Birma als PGM-404
PGM-51 an Birma alsPGM-405
PGM-52 an Birma alsPGM-406
PGM-53 an Äthiopien als PC-13
PGM-54 an Äthiopien als PC-14
PGM-55 an Äthiopien als Bentang Silungkang (P 572)
PGM-56 an Äthiopien als Bentang Waitatiri (P 571)
PGM-57 an Äthiopien als Bentang Kalukuang
PGM-58 an Äthiopien als PC-15

4.1.4.5 PGM-47 Daphne -Klasse

Die vier 1960 bis 1962 US-finanzierten 195 ts/121 Fuß „Seeverteidigungs-Fahrzeuge“ (Seaward Defense Craft) PGM-57 bis PGM- 60 der *Daphne*-Klasse wurden auf dänischen Werften für Dänemark gebaut. Sie wurden alle bis 1990 außer Dienst gestellt.

Schiffserkennung: Glattdecker (Flushdecker) mit geringem Deckssprung, Geschütz auf der Back, zweistufiger Aufbau in der Schiffsmitte mit schräger Frontseite und Steuerhaus vorn, anschließend ein nur ein Deck hoher mit schmalem, sich konisch verjüngendem Schornstein mit integriertem Mast („Mack“) und schrägem Abschluss, sowie Flak-Wannen darauf, auf dem flachen Achterdeck Geschütz.

PGM-47 bis PGM-50	
Stapelläufe	1960 bis 1963
Wasserverdrängung	195 ts
Abmessungen (LxBxT)	73,4 x 6,7 x 2,1 m
Antrieb	Diesel, 1800 PS, 2 Wellen
Geschwindigkeit	20 kn
Bewaffnung	1 x 4 cm; 1 x 2 cm oder Raketenwerfer, 2 MG, WaBo

Bauwerft (1):
Marinewerft Holmen, Kopenhagen: PG-47-50

PGM-47 gebaut in Dänemark als Daphne (P 530)
PGM-48 gebaut in Dänemark als Havmanden (P 532)
PGM-49 gebaut in Dänemark als Najaden (P 534)
PGM-50 gebaut in Dänemark als Neptun (P 536)

4.1.4.6 PGM-59 Kim Qui -Klasse

Die zwölf 122 ts/100 Fuß-Motor-Kanonenboote PGM-59 bis PGM-70 wurden 1963 bis 1967 in den USA auf MAP-Basis gebaut, alle gingen als *Kim Qui*-Klasse sofort an Süd-Vietnam. Bis auf eine Einheit, die auf die Philippinen entkam und dort bis 1989 diente und ein selbstversenktes Boot, fielen alle 1975 den Nord-Vietnamesen in die Hände.

Schiffserkennung: Ähneln stark der PGM-39-Klasse, 2 Meter länger, mit zusätzlichem Geschütz an der Achterkante des Aufbaus.

PGM-39 bis PGM-46, PGM-51 bis PGM-58	
Stapelläufe	1959 bis 1962
Wasserverdrängung	110 ts
Abmessungen (LxBxT)	29 x 5,8 x 2,1 m
Antrieb	Diesel, 1900 PS, 2 Wellen
Geschwindigkeit	17 kn
Bewaffnung	0 bis 2 x 4, 0 bis 4 x 2 cm, bis zu 4 MG, 1 x 6 cm Mörser oder Hedgehog, WaBo

Bauwerften (2):
J. M. Martinac Shipbuilding Corp., Tacoma, Wa.: PGM-59-64
Marinette Marine, Manitowoc, Wi.: PGM-65-70

PGM-59 an Südvietnam als Kim Qui (HQ 605)
PGM-60 an Südvietnam als May Rut (HQ 606)
PGM-61 an Südvietnam als Nam Du (HQ 607)
PGM-62 an Südvietnam als Hoa Lu (HQ 608)
PGM-63 an Südvietnam als To Yen (HQ 609)
PGM-64 an Südvietnam als Phu Du (HQ 600)
PGM-65 an Südvietnam als Tien Moi (HQ 601)
PGM-66 an Südvietnam als Minh Hoa (HQ 602)
PGM-67 an Südvietnam als Kien Vang (HQ 603)
PGM-68 an Südvietnam als Keo Ngua (HQ 604)
PGM-69 an Südvietnam als Ginh Hai (HQ 610)
PGM-70 an Südvietnam als Truong Sa (HQ 611)

4.1.4.7 PGM-71 bzw. T-11 -Klasse

Die 31 der 130 ts/101 Fuß-Motor-Kanonenboote PGM-71 bis PGM-124 wurden 1964 bis 1970 in den USA unter dem MAP für Verbündete gebaut, zehn gingen sofort an Thailand, sieben an Süd-Vietnam, vier an die Türkei, drei an den Iran, zwei an Ecuador, je eines an die Dominikanische Republik, Peru und Liberia.

Schiffserkennung: Ähneln stark der PGM-39-Klasse, 2 Meter länger, zum Teil mit zusätzlichem Geschütz an der Achterkante des Aufbaus teilweise unter Fortfall des Geschützes am Heck.

PGM-71 bis PGM-83, PGM-91, PGM-102 bis PGM-108, PGM-111 bis PGM-117, PGM-122 bis PGM-124	
Stapelläufe	1964 bis 1970
Wasserverdrängung	130 ts
Abmessungen (LxBxT)	30,8 x 6,7 x 2,6 m
Antrieb	Diesel, 2000 PS, 2 Wellen
Geschwindigkeit	18 kn
Bewaffnung	1 x 4 cm; 1 bis 4 x 2 cm, 2 MG

Bauwerften (4):
Peterson Builders, Sturgeon Bay, Wi.: PGM-71-79, 102-108
Marinette Marine, Manitowoc, Wi.: PGM-112-117, 122-124
Tacoma Boatbuilding Co., Tacoma, Wa.: PGM-80-83
Servicios Industriales de la Marina S.A., Callao, Peru: PGM-111

PGM-71 an Thailand alsT-11
PGM-72 an Südvietnam als Thai Binh (HQ 612)
PGM-73 an Südvietnam als Thi Tu (HQ 613)
PGM-74 an Südvietnam als Song Tu (HQ 614)
PGM-75 an Ecuador als Quito (LC 71)
PGM-76 an Ecuador als Guayaquil (LC 72)
PGM-77 an die Dominikanische Republik als Betelgeuse
PGM-78 an Peru als Rio Sama (PC 11)
PGM-79 an Thailand alsT-12
PGM-80 an Südvietnam als Tay Sa (HQ 615)
PGM-81 an Südvietnam als Phú Qúy (HQ 617)
PGM-82 an Südvietnam als Hoang Sa (HQ 616)
PGM-83 an Südvietnam als Hon Troc (HQ 618)
PGM-91 an Südvietnam als Tho Chau (HQ 619)
PGM-102 an Liberia als Alert
PGM-103 an Iran als Parvan (PGM 211)
PGM-104 an Türkei als AB-21
PGM-105 an Türkei als AB-22
PGM-106 an Türkei als AB-23
PGM-107 an Thailand als T-13
PGM-108 an Türkei als AB-24
PGM-111 an Peru als Rio Chira (PC 12)
PGM-112 an Iran als Bahram (PGM 212)
PGM-113 an Thailand als T-14
PGM-114 an Thailand als T-15
PGM-115 an Thailand als T-16
PGM-116 an Thailand als T-17
PGM-117 an Thailand als T-18
PGM-122 an Iran als Nahid (PGM 213)
PGM-123 an Thailand als T-19
PGM-124 an Thailand als T-20

Werftmodell von PG-84 „Asheville" von Tacoma Boatbuilding.

4.1.4.8 PGM-84 Asheville -Klasse

Die 16 ca. 240 ts/165-Fuß-Motor-Kanonenboote bzw. Patrouillen-Kanonenboote (Motor Gunboats/ Patrol Gunboats) der *Asheville*-Klasse, PG-84 bis PG-101, wurden 1964 bis 1969 zunächst als „PGM" mit fortlaufender Nummer dieser Kategorie in Bau gegeben und einige damit sogar in Dienst gestellt. Dann wurden 1967 aber alle zu „PG" umklassifiziert. Dies ist einer der gelegentlich vorkommenden unlogischen Aspekte des ansonsten strikten US-Klassifizierungs- und Nummerierungssystems der U.S. Navy seit 1920, da auch schon Korvetten der PG-62-Klasse zum Teil diese Kennungen erhalten hatten.

PGM-84 bis PGM-90, PG-92 bis PG-100, PGM-101	
Stapelläufe	1965 bis 1970
Wasserverdrängung	237 ts
Abmessungen (LxBxT)	50,2 x 7,3 x 2,9 m
Antrieb	CODAG, 15100 PS, 2 Propeller
Geschwindigkeit	40 kn
Bewaffnung	1 x 7,6 cm; 1 x 4 cm, 2 MG, z. T. 2 SSM-Raketenstarter

Die 16 nach dem Krieg entworfenen Einheiten der „Asheville"-Klasse wurden 1964 bis 1969 zunächst als PGM in Bau gegeben (teilweise sogar so in Dienst gestellt), dann aber alle 1967 auf PG-84 bis PG-101 umklassifiziert; eine seltene Klassifikationssünde der U.S. Navy, denn diese Kennungen waren davor bereits vergeben worden. Das über Steuerbord achtern geknipste Foto zeigt das Typschiff PGM-84 „Asheville" am 6.8.1966, dem Tag der Indienststellung.

Eine weitere Aufnahme von PGM-84 „Asheville" nach der Indienststellung am 6.8.1966 vor Tacoma, Wa. Die Außerdienststellung erfolgte schon gut ein Jahrzehnt später, am 31.1.1977.

<u>Bauwerften (2):</u>
Tacoma Boatbuilding Co., Tacoma, Wa.: PGM-84, 86-90, 92, 94, 96, 98, 100
Peterson Builders, Sturgeon Bay, Wi.: PGM-85, 93, 95, 97, 99, 101

PGM/PG-84 Asheville (umklassifiziert 1967)
PGM/PG-85 Gallup (umklassifiziert 1967)
PGM/PG-86 Antelope (umklassifiziert 1967)
PGM/PG-87 Ready (umklassifiziert 1967)
PGM/PG-88 Crockett (umklassifiziert 1967)
PGM/PG-89 Marathon (umklassifiziert 1967)
PGM/PG-90 Canon (umklassifiziert 1967)
PG-92 Tacoma; 1995 an Kolumbien als Quitasueño
PG-93 Welch; 1995 an Kolumbien als Albuquerque
PG-94 Chehalis
PG-95 Defiance; 1973 an Türkei als Yildirim
PG-96 Benicia; 1971 an Südkorea als Paek Ku)
PG-97 Surprise; 1973 an Türkei als Bora
PG-98 Grand Rapids
PG-99 Beacon; 1999 an Griechenland als Ormi
PG-100 Douglas
PGM/ PG-101 Green Bay; 1989 an Griechenland als Tolmi

PG-95 „Defiance" in einer schnittigen Vorderansicht mit hoher Geschwindigkeit, wie allgemein für Schnellboote bei Fotografen beliebt. Die Boote der „Asheville"-Klasse erreichten eine Höchstgeschwindigkeit von ca. 40 Knoten.

Diese Schiffe waren mit 40 Knoten sehr schnell. 17 Einheiten wurden fertiggestellt, ursprünglich waren 24 geplant. Der Zeit entsprechend wurde für den Bau viel Aluminium verwendet (Rümpfe), die Aufbauten waren aus Aluminium und modernem Kunstsoff (Glasfiber). Gebaut wurden sie in den 1960er Jahren mit der Konzeptidee von schnellen Patrouillenbooten zur Blockade Kubas. Sie kamen dann vor allem im Vietnamkrieg intensiv zum Einsatz. Alle Einheiten wurden von 1971 bis 1981 außer Dienst gestellt, danach gingen je zwei an Griechenland, Kolumbien und die Türkei sowie eine an Süd-Korea.

Schiffserkennung: Glattdecker (Flushdecker) mit deutlichem Deckssprung, Geschützturm auf der Back, hoher kompakter Brücke mit Radar-Kuppel und Pfahlmast darauf, anschließend ein nur ein Deck hoher Aufbau in Schiffsmitte mit sich konisch verjüngendem Schornstein mit schrägem Abschluss darauf, auf dem flachen Achterdeck Geschütz.

PG-93 „Welch" der „Asheville"-Klasse in einer undatierten Luftaufnahme vor Hampton Roads, Va. (nach 1969). Das Schiff wurde 1981 außer Dienst gestellt und später an Kolumbien transferiert.

PG-97 „Surprise" am 18.9.1969 in Sturgeon Bay, Wisconsin. Wie das Schwesterschiff PG-95 „Defiance" wurde es 1973 an die türkische Marine übergeben.

USS „Grand Rapids“ (PG-99) der „Asheville“-Klasse in Sturgeon Bay, Wisconsin am 28.0.1969.

4.1.4.9 PGM-109 Pirantini -Klasse

Diese sechs 105 ts/98 Fuß-Motor-Kanonenboote PGM-109 bis PGM-121 wurden 1968 bis 1971 in den USA unter dem MAP gebaut, als *Pirantini*-Klasse gingen sie sofort an Brasilien.

Schiffserkennung: Ähneln stark der PGM-39-Klasse, Aufbau etwas kürzer und achtern seitlich mit geschwungener Brustwehr, teilweise ohne Geschütz am Heck.

PGM-109, PGM-110, PGM-118 bis PGM-121	
Stapelläufe	1970 und 1971
Wasserverdrängung	105 ts
Abmessungen (LxBxT)	30 x 6,1 x 1,9 m
Antrieb	Diesel, 1100 PS, 2 Wellen
Geschwindigkeit	19 kn
Bewaffnung	0 bis 1 x 2 cm, bis zu 3 MG, 8,1 cm Mörser

Bauwerft (1):
Naval Shipyard Rio de Janeiro, Brasilien: PGM-109, 110, 118-121

PGM-109 gebaut in Brasilien als Piratini (P 10)
PGM-110 gebaut in Brasilien als Pirajá (P 11)
PGM-118 gebaut in Brasilien als Pampeiro (P 12)
PGM-119 gebaut in Brasilien als Parati (P 13)
PGM-120 gebaut in Brasilien als Penedo (P 14)
PGM-121 gebaut in Brasilien als Poti (P 15)

4.1.5 Fluss-Kanonenboote (PR)

4.1.5.1 PR-3 Guam -Klasse

Das Konzept für diese Boote entstand in den 1920er Jahren auf Basis des Drängens der U.S. Asiatic Fleet nach speziellen Flusskanonenbooten für Patrouillenaufgaben in China, insbesondere für den Einsatz auf dem Jangtse-Kiang. Die Entwürfe wurden von der U.S. Navy erstellt, die chinesische Werft Kiangnan Dock and Engineering Works in Schanghai bot den weitaus besten Preis für eine Fertigung vor Ort. Die ersten beiden Einheiten wurden als PG-43 *Guam* und PG-44 *Tutuila* 1926 auf Kiel gelegt und 1927/28 in Dienst gestellt; sie wurden 1928 auf PR für Flusskanonenboote umklassifiziert (PR-3 und PR-4). Die Klassifikation PR war erstmals 1928 verwendet worden (für PR-1 *Palos*, ex Gunboat No. 16 und PR-2 *Monocacy*, ex Gunboat No. 20, die ebenfalls in China eingesetzt waren, sie wurden aber bereits 1937 bzw. 1939 außer Dienst gestellt).

PR-3 *Guam* wurde 1941 in USS *Wake* umbenannt, um den Namen für den neuen Schlachtkreuzer (Großen Kreuzer) USS *Guam* (CB-2) der *Alaska*-Klasse frei zu bekommen. Während die amerikanischen Kanonenboote in Ostasien meist nach asiatischen Inseln unter US-Kontrolle benannt waren, wurden nun Schlachtkreuzer nach US-Territorien benannt, d.h. nach Gebieten mit einem US-staatsrechtlichen Status über den Kolonien, aber unter den Bundestaaten (nach diesen waren nur die Schlachtschiffe benannt). PR-3 *Wake* fiel später im Jahr bei Kriegsausbruch in Shanghai in die Hände der Japaner. Gegen Ende des Krieges wurde das Boot zurückerobert und bald den Nationalchinesen übergeben, die sie 1949 an Rotchina verloren. Die Schwester PR-4, USS *Tutuila*, wurde bereits 1942 an Nationalchina abgegeben und 1949 selbst versenkt.

Schiffserkennung: Glattdecker (Flushdecker) mit geringem Deckssprung und niedrigem Freibord, kurzes Schanzkleid am Bug, langgestreckter Aufbau über Dreiviertel der Schiffslänge, darauf vorn und achtern ein Geschütz, und ein weiterer Aufbau mit Steuerhaus vorn, dahinter einem Mast und zwei schmalen. Leicht schrägen Schornsteinen darauf, am Ende des unteren Aufbaudecks der zweite Mast, am Heck ein kleiner Aufbau.

PG-43 „Guam“, später PR-3, bei der Probefahrt am 15.12.1927. Das „R“ stand für „River“. Der eigentliche Kampfwert dieser Schiffe war gering, sie wurden eigens für die sprichwörtliche „Kanonenbootpolitik“ gebaut, d.h. um Amerikas Machtinteressen in China zu demonstrieren.

Die großen Fluss-Motorkanonenboote PR-3 und PR-4 der „Guam"-Klasse wurden 1927 in Schanghai gebaut. Die Aufnahme zeigt PR-3 „Guam" auf der Werft Kiangnan am 27.5.1927, dem Tag des Stapellaufes, ein Schiff mit einem unglaublich wechselhaften Schicksal: im Januar 1941 in „Wake" umbenannt, um den Namen für den Schlachtkreuzer „Guam" frei zu machen, im Dezember d.J. von den Japanern erbeutet und als „Tatara" in Dienst gestellt (als PG-43, ab 1928 erneut PR-3). Im August 1945 wieder von den USA übernommen und 1946 an Nationalchina übergeben (dort „Tai Yuan"), wurde es 1949 von den Truppen Maos erbeutet; das weitere Schicksal ist unbekannt.

PR-3 Wake ex-Guam; PR-4 Tutuila	
Stapelläufe	1927
Wasserverdrängung	370 ts
Abmessungen (LxBxT)	48,7 x 8,3 x 1,6 m
Antrieb	Dampfmaschinen, 1950 PS, 2 Wellen
Geschwindigkeit	14,5 kn
Bewaffnung	2 x 7,6 cm, 6 MG

Bauwerft (1):
Kiangnan Dock and Engineering Works, Shanghai, China

PR-3 Wake, ex PG-43 Guam; 1941 von Japan erbeutet, 1945 USA: Nationalchina/VR China
PR-4 Tutuila, ex PG-44; 1942 an Nationalchina, 1949 selbstversenkt

4.1.5.2 PR-5 Panay -Klasse

PR-5 und PR-6 der *Panay*-Klasse von 1927 wurden ebenfalls in Schanghai für den Dienst als Kanonenboote am Jangtse-Kiang gebaut. Auch sie waren während ihres Baus ursprünglich noch als PG klassifiziert gewesen (PG-45 und 46) und erhielten 1928 ihre PR-Klassifikation. Wie alle diese in Schanghai gebauten Kanonenboote erhielten sie Namen von pazifischen Inseln, die sich unter amerikanischer Kontrolle befanden.
Das Typschiff PR-5 *Panay* wurde am 12.12.1937 während des japanisch-chinesischen Krieges von japanischen Flugzeugen auf den Jangtse-Kiang versenkt (drei Besatzungsmitglieder wurden getötet; Japan wollte offenbar militärisch ein Zeichen setzen, sprach aber von einem Versehen und zahlte später doch Entschädigung). Die Schwester PR-6, USS *Oahu* wurde 1942 bei der japanischen Eroberung der Philippinen durch die Japaner versenkt. Der kleine Aufbau der Vorgänger-Klasse am Heck fehlt.

Schiffserkennung: Ähnlich der PR-3-Klasse, aber 10 Meter länger und mit einem zusätzlichen Aufbau mehr mit dem hinteren Mast vor dem achteren Geschütz. Mittschiffs in jenseits zwei Schwalbennestern jeweils zwei kleinere Geschütze.

PR-5 Panay; PR-6 Oahu	
Stapelläufe	1927
Wasserverdrängung	450 ts
Abmessungen (LxBxT)	58,3 x 8,6 x 1,6 m
Antrieb	Dampfmaschinen, 2250 PS, 2 Wellen
Geschwindigkeit	15 kn
Bewaffnung	2 x 7,6 cm, 8 MG

Bauwerft (1):
Kiangnan Dock and Engineering Works, Shanghai, China

PR-5 Panay, ex-PG-45; 12/1937 durch japanische Flugzeuge in China versenkt
PR-6 Oahu ex PG-46; 5/1942 bei Manila versenkt

USS „Oahu“ als PG-46 in Shanghai am 1.10.1928, ca. drei Wochen vor der Indienststellung (die schon als PR-6 erfolgte). Das Schiff wurde am 5.5.1942 bei Corregidor in der Manila Bay durch die Japaner versenkt.

USS „Oahu“, noch als PG-46, auf der Bauwerft Kiangnan in Shanghai im Oktober 1928 in Ausrüstung.

Auch PR-5 und PR-6 der „Panay"-Klasse wurden 1027 in Schanghai gebaut (auch ursprünglich als „PG" klassifiziert). Hier USS „Panay" als PG-45 bei den Probefahrten vor Woosan am 30.8.1928. Die Indienststellung erfolgte am 10.9.1928 als Fluss-Kanonenboot PR-5. Am 12.12.1937, während des japanisch-chinesischen Krieges, wurde es am Jangtse-Kiang von japanischen Flugzeugen versenkt. Die Japaner behaupteten, die amerikanische Flagge nicht gesehen zu haben, sie waren aber später zur Zahlung von Entschädigungen bereit. Verfilmt wurde der Einsatz solcher Kanonenboote im chinesischen Bürgerkrieg unter der Regie von Robert Wise im bekannten Filmdrama „Kanonenboot am Yangtse-Kiang" (im US-Original: „The Sand Pebbles"), nach dem gleichnamigen Roman von Richard McKenna, das vorwiegend in Taiwan gedreht wurde; es kam 1966 im Verleih der 20th Century Fox in die Kinos, war sehr erfolgreich und wurde auch für acht Oscars nominiert.

4.1.5.3 PR-7 Luzon -Klasse

Auch PR-7 und PR-8 der *Luzon*-Klasse von 1927 wurden in Schanghai gebaut. und waren während ihres Baus ebenfalls noch als PG klassifiziert gewesen (PG-47 und 48). Auch sie befanden sich bei Kriegsausbruch auf den Philippinen. PR-7 und ihre Schwester PR-8, USS *Mindanao* versenkten sich dort im Mai 1942 selbst. PR-7 wurde danach von den Japanern geborgen und wieder in Dienst gestellt. Es wurde 1944 als japanisches Kriegsschiff *Karatsu* durch das amerikanische U-Boot *Narwhal* (SS-167) versenkt.

Schiffserkennung: Ähnlich der PR-5 -Klasse, aber noch einmal 7 Meter länger, und mit einem fast durchgängigen zweiten Aufbaudeck bis zum achteren Geschütz mehr.

PR-7 Luzon; PR-8 Mindanao	
Stapelläufe	1927
Wasserverdrängung	560 ts
Abmessungen (LxBxT)	64,3 x 9,5 x 1,8 m
Antrieb	Dampfmaschinen, 3150 PS, 2 Wellen
Geschwindigkeit	16 kn
Bewaffnung	2 x 7,6 cm, 10 MG

Bauwerft (1):
Kiangnan Dock and Engineering Works, Schanghai, China

PR-7 Luzon ex PG-47; 5/1942 bei Manila selbstversenkt, gehoben, 1944 von SS-167 versenkt
PR-8 Mindanao ex-PG-48; 5/1942 bei Manila selbstversenkt

Wie schon die „Guam" und „Panay"-Klasse wurden auch die beiden Einheiten PR-7 und PR-8 der „Luzon"-Klasse von 1927 von Kiangnan in Schanghai für die U.S. Asiatic Fleet gebaut und bald auf „PG" umklassifiziert. Diese Aufnahme von USS „Luzon" (PR-7) stammt aus Hankow um 1932. Das Schiff wurde am 6.5.1942 vor Manila selbstversenkt, von den Japanern gehoben und als „Karatsu" in Dienst gestellt; schließlich am 3.3.1944 vom amerikanischen U-Boot SS-167 „Narwhal" versenkt.

PR-7 „Luzon“, hier am Jangtsekiang 1929, auf Grund gelaufen.

USS „Mindanao“ (PR-8, ex PG-48) in Kanton in Südchina 1937. Das Schiff wurde am 2.5.1942 in Manila vor den anrückenden Japanern selbstversenkt.

4.2 Wach- und Sicherungsfahrzeuge (PE, PF, PBC/PC, RPC, PBR, ASPB, PACV, PB, CC(P)B)

Der Ausdruck „Wach- und Sicherungsfahrzeuge“ ist hier wirklich nur ein Hilfs- bzw. Oberbegriff, denn behandelt werden hier zwar auch klassische Wachfahrzeuge, aber dazu noch eine Palette von Typen, die vom kleinen Fluss-Patrouillenfahrzeug und Luftkissenboot bis zur Lenkwaffen-Fregatten reicht, die für Geleit- und Sicherungsaufgaben von regulären Kampfgruppen geeignet sind.

Die Begriffe Geleitzerstörer (DE), Patrouillen- oder Geleitfregatte (PF) sowie Patrouillen-Kanonenboote (PG) der U.S. Navy bzw. Fregatte, Korvette bzw. auch Sloop (Frigate, Corvette, Sloop) der Royal Navy sorgen auch unter Fachleuten immer wieder für divergierende Interpretation, so auch in der U.S. Navy selbst. Es scheinen daher hier ein paar grundsätzliche Anmerkungen zum Hintergrund dieser Typenbezeichnungen angebracht.

Die aus Walfangbooten entwickelten Fahrzeuge zum Geleitschutz und zur U-Boot-Jagd der britischen „Flower“-Klasse wurden in der Royal Navy als „Korvetten“ (Corvettes) bezeichnet, eine alte Bezeichnung aus dem 19. Jahrhundert, die dann später meist durch den „Kreuzer“ (Cruiser) ersetzt wurde. Das Wort Corvette kommt aus dem Französischen für ein kleines Schiff mit einem Mastkorb, basierend auf dem alten niederländischen Wort „Korf“ für „Korb“ (abgeleitet vom lateinischen „Corbis“). Es war in den Niederlanden ursprünglich für Schiffe der Heringsfischerei (mit Mastkorb) in Verwendung, später in den meisten Marinen eine Bezeichnung für eine Reihe von Typen kleiner, wendiger Segel-Kriegsschiffe mit meist nur einem Mast, geringem Tiefgang und einer Wasserverdrängung unter 200 ts, die oft zur Aufklärung außerhalb der Schlachtline verwendet wurden (vielleicht auch deshalb der etymologische Fokus auf den Mastkorb für den Ausguck). Der Typ entstand gleichzeitig mit den größeren, vom Konzept her aber durchaus ähnlichen Fregatten (Frigates), die meist über ein geschlossenes Geschützdeck verfügten, während die Geschütze der Korvetten auf dem offenen Hauptdeck aufgestellt waren.

Das Wort „Fregatte“ leitet sich vom italienischen „Fregata“ ab, dort verwendet seit mindestens dem 14. Jahrhundert, die genaue Etymologie ist umstritten. Die Bezeichnung wurde jedenfalls im Laufe der Zeit für verschiedene Schiffstypen verwendet, bis er sich für schnelle und wendige Kriegsschiffe dieses Typs durchsetzte, zumindest im nördlichen Europa. Die Bewaffnung der Fregatten und der kleineren Korvetten war im 19. Jahrhundert meist sehr mäßig, aber aufgrund ihrer Wendigkeit und Schnelligkeit wurden sie als Aufklärungs- und Depeschenschiffe abseits der Schlachtlinie der großen Schiffe („Linienschiffe“) verwendet, d.h. sie kreuzten außerhalb der Schlachtlinie, woraus sich später der Begriff „Kreuzer“ mit all seinen vielen Unter- und Subkategorien entwickelte.

Die Royal Navy hatte die Kategorisierung Korvette zuletzt 1877 verwendet und erinnerte sich 1939 wieder daran. Im alltäglichen Gebrauch wurden die Schiffe auch „Sloops“ bezeichnet. Es handelt sich hier um eine klare Begriffsüberschneidung, allgemein verwendet für solche relativ kleine Fahrzeuge zum Geleitschutz und zur U-Boot-Jagd, eine klare Trennung in Sloop und Korvette ist nicht möglich.

„Sloop“ war in der Royal Navy im 18. und 19. Jahrhundert die Bezeichnung für ein kleines, einmastiges und vor allem nicht spezifisch klassifiziertes Kriegsschiff mit unterschiedlicher Aufgabenstellung. Die Bezeichnung kommt in der Royal Navy angeblich von einem ersten gleichnamigen Schiffstyp „Sloop“, aber wohl wiederum abgeleitet vom Wort „Schaluppe“ für ein kleines, einem Kutter ähnelndes Segelboot mit einem Mast und einem Vorsegel. Der Begriff kommt aus der französischen Sprache („Chaloupe“), ursprünglich als Bezeichnung für das größte Beiboot eines Schiffes. Der Ursprung stammt jedoch höchstwahrscheinlich vom niederländisches „Sloep“ ab, für ein Schiff im Zusammenhang mit „sluipen“, was so viel wie gleiten bzw. schlüpfen bedeutet (und sich auf den Stapellauf bezieht).

Der Begriff Fregatte wurde 1940 in der Royal Navy für eine etwas verbesserte Version der Korvette herangezogen, war aber immer noch ein relativ kostengünstiges und einfaches Geleit- und U-Jagd-Fahrzeug, ebenfalls abgeleitet aus Schiffstypen der Handelsmarine, aber eben etwas fortgeschrittener und aufwändiger als die Korvette. Auch hier ist eine klare Trennung in Korvette und Fregatte unmöglich. Ursprünglich sollten die neuen Geleitschutzfahrzeuge der „River“-Klasse, die aus den Erfahrungen mit den Korvetten der „Flower“-Klasse entwickelt wurden, 1940 die Typenbezeichnung „Zwei-Schrauben-Korvetten“ erhalten, es wird Vizeadmiral Percy Nelles von der Royal Navy das „Verdienst“ zugewiesen, dass er diese sperrige Bezeichnung ablehnte und die Revitalisierung des alten Begriffs Fregatte durchsetze.

Die U.S. Navy konnte sich im Rahmen ihres Klassifikationssystems nicht zur Einführung der englischen Bezeichnungen Frigate, Corvette oder gar Sloop entschließen. Die US-Einheiten der „Flower“-Klasse fuhren in der amerikanischen Marine als „Patrol Gunboats“ (*Temptress*-Klasse), also Patrouillen-Kanonenboote. Der Begriff Fregatte wurde dann aber für die „Patrol Frigates“ verwendet (britische „River“-Klasse), d.h. zumindest als Zusatz zur Kategorisierung als Patrouillenschiffe. Als erste

Einheit wurde USS *Asheville* (ex PG-101) am 15.4.1943 auf PF-1 umklassifiziert.
Gleichzeitig wurde von der U.S. Navy der Typ des Geleitzerstörers (Destroyer Escort/DE) entwickelt, der als deutlich aufwändigere Version der Fregatte/Korvette britischer Lesart gesehen werden muss und auch keine abgeleitete Entwicklung eines Typs der Handelsschifffahrt ist, sondern einen viel hochwertiger Bau nach Kriegsschiffstandards darstellt (mit Turbinen- oder Dieselantrieb statt Kolbendampfmaschine etc.), d.h. abgeleitet vom Zerstörer (DD). Eine echte Entwirrung all dieser Begriffe ist nicht möglich, nach dem Zweiten Weltkrieg setzte sich jedoch die britische Bezeichnung Fregatte weltweit sehr stark durch, grundsätzlich für eine breite Palette von Kriegsschiffen unter dem Zerstörer und die Korvette, als unter dem Typ Fregatte liegend. Aus den USA kommende Bezeichnungen wie Patrouillen- oder Geleitfregatte, Geleitzerstörer oder Patrouillen-Kanonenboote werden in der Praxis dagegen kaum noch verwendet.
Zuerst werden hier in diesem Abschnitt die schon erwähnten „Eagle“-Boote abgehandelt, diese wurden im Ersten Weltkrieg, konkret ab 1917, von den Ford-Werken in moderner Fließbandbauweise gebaut. Sie sollten als Geleitfahrzeuge im Atlantik dienen und eine größere Reichweite haben als die gleichzeitig konzipierten hölzernen U-Boot-Jäger und wurden mit „PE“- klassifiziert. Das „E“ in der Klassifikation steht hier für „Escort“, wird aber auch gelegentlich (und zurecht) auf „Eagle“ bezogen, da sie danach nie mehr verwendet wurde.
Im Zweiten Weltkrieg entstand wiederum rasch ein neuerlicher Bedarf an Geleitfahrzeugen zum Schutz alliierter Konvoys gegen deutsche U-Boote. Die U.S. Navy griff hier auch auf den britisch-kanadischen Entwurf von Patrouillenfregatten (PF) zurück und übernahm zwei Einheiten der „River“-Klasse als PF-1 und PF-2 (ursprünglich waren auch sie als PG klassifiziert, also Kanonenboote, erst im April 1943 wurden sie in der U.S. Navy zu Patrol Frigates „aufgewertet“); danach baute die amerikanische Marine im Krieg auch weitere, sehr ähnliche Fahrzeuge in größerer Stückzahl nach (*Tacoma*-Klasse), ebenso ursprünglich als PG, die dann ebenfalls ab April 1943 auf PF umklassifiziert wurden. In Summe waren es knapp über 100 Rumpfnummern, wobei die Schiffe aber teilweise an die Royal Navy abgegeben wurden. Daneben wurden aber auch konkurrierend die schon erwähnten schnelleren Geleitzerstörer (DE) entwickelt, die eine sehr ähnlich Aufgabe hatten, aber vom Design her einem „echten“ Zerstörer (DD) näherstanden, wie schon im ersten Buchstaben der Klassifikation klar ausgedrückt.
In den 1970er Jahren wurde die *Oliver Hazard Perry*-Klasse als Allzweck-Eskortschiffe noch unter dem Projektnamen „Patrol Frigates“ (PF) entworfen, die billig genug sein sollten, um in großen Stückzahlen angeschafft zu werden, um erstens die Bestände aus dem Zweiten Weltkrieg endgültig zu ersetzen und die Fregatten der *Knox*-Klasse zu ergänzen, die 1975 von DE auf FF umklassifiziert worden waren. Hintergrund war der „High Low Fleet Plan“ von CNO Admiral Elmo Zumwalt, der als Grundkonzept einen Mix aus Schiffen mit geringen (d.h. kostengünstigen) und hohen (teuren) Kapazität vorsah. Obwohl die *Oliver Hazard Perry*-Klasse eigentlich Teil des billigen Segments in diesem Plan war, war sie doch eine vollwertige Lenkwaffen-Fregatte, auch mit der allgemeinen Fähigkeit zur Begleitung von Kampfgruppen in der Flotte. Nach der Genehmigung und Bestellung von vier Einheiten als „Patrol Frigates“ (PF) wurde die Klassifikation sinnvollerweise auf „Guided Missile Frigates“ (FFG) geändert. 51 Einheiten wurden für die US-Marine gebaut (erste Indienststellung 1977), die letzte noch aktiv verbliebene Fregatte der Klasse wurde 2015 von der U.S. Navy außer Dienst gestellt. Die ausgemusterten Schiffe werden aber z.T. noch in anderen Marinen verwendet.
Im Jahr 2020 hat die Navy die neue *Constellation*-Klasse als ihre neueste Fregattenklasse angekündigt, sie wurde aber nicht mehr mit einer „P“-Klassifikation in Verbindung gebracht, das Projekt lief in der Planung unter der Bezeichnung FFG(X). Die ersten drei Schiffe wurden im FY 2020 als FFG-62 bis FFG-64 bestellt. Baubeginn war April 2022, die erste Indienststellung ist geplant für 2026.
In die Kategorie der Wach- und Sicherungsfahrzeuge fallen auch Patrouillenbote für Binnengewässer, d.h. Schiffe einer völlig anderen Größenkategorie. Im Vietnam-Krieg wurden Fluss-Patrouillenboote mit der Kennung RPC, PBR und ASPB entwickelt. Anfang der 1990er Jahren stellten schließlich schnelle Patrouillen-Küsten-Fahrzeuge als PCB bzw. PC in Dienst.
In den 1960er Jahren wurde mit den Luftkissen-Patrouillenfahrzeugen vom Typ PACV (Patrol Air Cushion Vehicle) versucht, auch wieder während des Vietnamkriegs, ein völlig neues und besonders schnelles Fahrzeug für die Navy und Army zu bauen, das für klassische Patrouillenzwecke und leichte Kampfeinsätze verwendet werden sollte. Wasserverdrängende Boote haben ein natürliches Limit an Geschwindigkeit, das in der Praxis bei deutlich unter 50 Knoten liegt, mehr ist für konventionelle Boote nicht möglich (selbst wenn man die Drehzahl der Schiffspropeller weiter erhöhen würde, denn diese erzeugen bei zu schneller Drehung zunehmend ein Vakuum und greifen quasi nicht länger im Wasser; will man die Geschwindigkeit weiter erhöhen, muss man deshalb mit dem Schiffsrumpf aus dem Wasser).
Wikipedia definiert ein Luftkissenboot als ein Fahrzeug, das eine Art Kissen aus Luft zwischen sich und der Wasser- oder Erdoberfläche bildet, sodass es schwebt (deshalb auch Schwebefahrzeug). Die englische Bezeichnung lautet Hovercraft, was wörtlich ebenfalls Schwebefahrzeug bedeutet, dieser deutsche Begriff hat sich bei uns nie durchgesetzt wie auch der Begriff Gleitboot. In der Regel ist es ein Amphibienfahr-

zeug, das sich auf dem Wasser und auf dem Land schnell fortbewegen kann, d.h. eigentlich fliegt, denn der direkte Kontakt zur jeweiligen Oberfläche besteht nicht. Das erste Patent auf ein Fahrzeug mit dieser Technik wurde 1877 von John Isaac Thornycroft in Großbritannien angemeldet, ohne die Idee konstruktiv umzusetzen. Das tat der k.u.k. Marineoffizier und Erfinder Dagobert Müller von Thomamühl, im österreichisch-ungarischen Zentralkriegshafen Pola fand im September 1915 die weltweit erste Testfahrt eines voll funktionsfähigen Luftkissenbootes statt. Es wurde durch fünf Flugzeugmotoren angetrieben, von denen einer einen Luftzug unter dem Schiffskörper erzeugte. Der Typ führte in der k.u.k. Kriegsmarine die eigentlich recht sinnvolle deutsche Bezeichnung „Gleitboot", die sich aber nicht gegen das eigentlich viel sperrigere „Luftkissenboot" durchsetzte (vielleicht weil es zu nahe am „Geleitboot" lag?).

Die PACVs der U.S. Navy waren sehr kleine Luftkissenboote von britischem Design, nur ca. 7 ts groß und „flogen" mit über 60 Knoten Geschwindigkeit. Sie wurden seitens der Navy ab 1966 von der British Hovercraft Corporation angekauft und von Bell Aerosystems auf die Anforderungen der amerikanischen Marine angepasst. Insgesamt wurden nur sechs Einheiten beschafft, je drei für die U.S. Navy und Army.

Und schließlich werden unter dem breiten Begriff „Wach- und Schutzfahrzeuge" noch die modernen CC(P)B oder Mark VI Patrouillenbooten der United States Navy behandelt (72 ts), die zum Einsatz für Patrouillenzwecke und Spezialaufgaben in Küsten- und Binnengewässern entwickelt wurden. Das Projekt begann mit einem Prototypboot eines „Coastal Command Boats", der 2013 an die U.S. Navy geliefert wurde. Die ersten beiden serienmäßigen Mark VI-Boote wurden 2015 an die Coastal Riverine Group TWO der Navy ausgeliefert. Die Boote werden in US-Heimatgewässern und auch bei der 7. Flotte in Ostasien und der 5. Flotte im Persischen Golf eingesetzt, u.a. zum Schutz der Kriegsschiffe und der militärischen Infrastruktur gegen terroristische Anschläge.

Hier soll aber auch noch ein Schiffstyp von modernen Fahrzeugen mit auch sehr klassischen Patrouillenaufgaben im Sinne von Wach- und Schutzfahrzeugen kurz Erwähnung finden, der im Buch nicht behandelt wird, da er (sonderbarerweise) kein „P" in der Klassifikation enthält: die Littoral Combat Ships (LCS).

Die U.S. Navy setzte bisher im neuen Jahrtausend stark auf diese Schiffe für küstennahe Gefechtsführung. Es handelt sich um einen sehr teuren, neuartigen und relativ kleinen Kriegsschiffstyp von ca. 3000 ts, also etwas kleiner als die Fregatten der *Oliver Hazard Perry*-Klasse, die über 4000 ts Verdrängung aufwiesen. Der Typ beruht auf einer geänderten Bedrohungslage nach Ende des Kalten Krieges und ist mit „LCS" klassifiziert (eigentlich eine klare „Klassifikationssünde", da das „L" den Landungsschiffen vorbehalten war). Er soll vom Design her besonders für die asymmetrische Kriegführung im feindlichen Küstenvorfeld geeignet sein. LCS-1 „Freedom" wurde 2008 in Dienst gestellt, das Typschiff einer weiteren Klasse als LCS-2 „Independence" im Jahr 2010. Die Fertigstellung der beiden Typschiffe hatte sich u.a. wegen massiver Kostenüberschreitungen um 18 Monate verzögert. Mit Stand Anfang 2022 hat die U.S. Navy 38 LCS-Kennungen an Littoral Combat Ships vergeben. Sie besitzen sogenannte Tarnkappen oder Stealth-Technologie und sollen zum Beispiel im Kampf gegen den Terrorismus zum Einsatz kommen, zur Aufklärung, zum Absetzen von Spezialeinheiten, zum Begleitschutz von Landungsschiffen oder Hubschrauberträgern, zur U-Bootabwehr und u.a. auch zur Minenabwehr etc. und natürlich für klassische Wach- und Geleitaufgaben. In wohl jedem anderen Land würde man ein solches Profil zu allererst in die Kategorie der Patrouillenfahrzeuge einreihen. Warum man das in den USA nicht getan hat, ist wohl mit der spezifischen Beschaffungspolitik in Washington erklärbar. Die als „Patrol Ships" klassifizierten Einheiten galten immer als eher einfache und kostengünstige Schiffe, diese neuen, sehr teuren Schiffe wollte man daher dem Kongress nicht mit einem „P" zur Genehmigung vorlegen. Wie schon oft zuvor in der Vergangenheit wurde nach einem völlig neuen Begriff als Art Nebelkerze gesucht, um die Besonderheit und Einzigartigkeit der neuen Fahrzeuge hervorzuheben und so auch die Kosten etwas zu „verschleiern".

Schnelle Patrouillenboote vom Typ PC mit USS „Firebolt" (PC-10) im Vordergrund.

4.2.1 Eagle-Klasse Patrouillen-Fahrzeuge (PE)

4.2.1.1 PE-1 -Klasse

Die 60 Patrouillenfahrzeuge PE-1 bis PE-60 (430 ts) stammen aus der Endphase des Ersten Weltkriegs, aus einem schon angesprochen Bauprogramm für stählerne Fahrzeuge zur U-Jagd, die kleiner als Zerstörer sein sollten (112 geplant, 63 fertiggestellt. Sie kamen für den Kriegseinsatz im Ersten Weltkrieg zu spät). Eine eigene Bezeichnung als Schiffstyp erhielten sie nicht, obwohl das durchaus angebracht gewesen wäre, dafür aber den Kosenamen „Eagle"-Schiffe (laut Navsource basierend auf einem Propagandaartikel der Washington Post, der den Bau solcher Schiffe aus Stahl verlangte: „...an eagle to scour the seas and pounce upon and destroy every German submarine"). 60 wurden bis 1919 durch die Ford-Werke in industrieller Fließband-Bauweise, angelehnt an moderne Techniken der Automobilindustrie, in jeweils nur vier bis fünf Monaten hergestellt. Sie verfügten über modernen Turbinenantrieb. Der Bau von *Eagle No. 61* bis *Egale No. 112* wurde im November 1918 storniert. Alle Einheiten erhielten am 17.7.1920 durchgehend die Kennung PE (Patrol Escort, intern auch Patrol „Eagle"). Bei Kriegseintritt der USA 1941 waren noch acht davon im Dienst. PE-56 (ex *Eagle No. 65*) wurde kurz vor Kriegsende 1945 vom deutschen U-Boot U 853 vor Maine versenkt, sonst keine Kriegsverluste.

Typ Eagle (PE)	
Stapelläufe	1919
Wasserverdrängung	430 ts
Abmessungen (LxBxT)	61,2 x 7,9 x 2 m
Antrieb	Turbine, 2500 PS, 1 Welle
Geschwindigkeit	18 kn
Bewaffnung	1 x 10,2 oder 1 x 7,6 cm

Bauwerft (1):
Ford Motor Co., Detroit, Michigan: Eagle No.1.- Eagle No.60

PE-19 ex-Eagle No. 19
PE-27 ex-Eagle No. 27
PE-32 ex-Eagle No. 32
PE-38 ex-Eagle No. 38
PE-48 ex-Eagle No. 48
PE-55 ex-Eagle No. 55
PE-56 ex-Eagle No. 56; versenkt am 23.4.1945 von U 853 vor Maine
PE-57 ex-Eagle No. 57

In Ergänzung zu den zahlreichen hölzernen U-Jägern begannen die USA Ende 1917 mit dem Bau einer Klasse von U-Jägern aus Stahl, die aber deutlich kleiner, billiger und auch langsamer als Zerstörer sein sollten. Daraus entstanden die 112 Boote der „Eagle"-Klasse, von denen nurmehr 60 fertiggestellt wurden (die Boote hatten keine individuellen Namen, der Name „Eagle" wird der Kriegspropaganda der Washington Post zugeschrieben: Adler zur Abwehr deutscher U-Boote seien notwendig). Sie wurden fortlaufend als „Eagle No.1" usw. bezeichnet und 1920, soweit noch vorhanden, als PE klassifiziert. Hier PE-19 (ex USS „Eagle No.19") aufgenommen um 1920.

Schiffserkennung: Schlank gebaute Glattdecker (Flushdecker) mit geradem Vordersteven, zum Heck schräg abfallend, rechteckiger Aufbau in der vorderen Schiffshälfte mit Geschütz und dahinter aufgesetztem Steuerhaus, Pfahlmast und hohem schlanken Schornstein an der Hinterkante, achtern weiterer rechteckiger Aufbau mit Geschütz, am Heck beidseits Ablaufgestelle für Wasserbomben.

PE-26 (ex USS „Eagle No. 26“) in einer Aufnahme ca. 1920.

PE-57 (ex USS „Eagle No. 57“) aus der Luft aufgenommen im August 1942.

Das „Eagle“-Boot PE-58 in einer Luftaufnahme vom April 1925.

4.2.2 Patrouillen-Fregatten (PF)

4.2.2.1 PF-1 Asheville -Klasse

Die zwei in Kanada 1942, ursprünglich für die Royal Navy nach dem britischen Entwurf der „River“-Klasse (ursprünglich alle benannt nach Flüssen), in Bau gegebenen Patrouillen-Fregatten PF-1 und PF-2 wurden nach Fertigstellung für die U.S. Navy noch als Kanonenboote PG-101 und PG-102 in Dienst gestellt und wurden erst im April 1943 umklassifiziert.
Bei der Royal Navy wurden diese Schiffe als „Fregatten“ geführt. Die „River“-Klasse umfasste im Zweiten Weltkrieg etwa 150 Schiffe, die ab 1940 bei Werften in Großbritannien, Kanada und Australien in Auftrag gegeben wurden. Auf US-Werften wurden sie nicht gebaut. Sie wurden ursprünglich 1939/40 von der Smith's Dock Company of South Bank-on-Tees in Großbritannien entworfen und waren anfangs (in Großbritannien) alle nach Flüssen benannt. Sie waren in gewisser Weise eine größere und verbesserte Version der Korvetten der „Flower“-Klasse, viel von den Erfahrungen mit diesem Typ floss jedenfalls in den Entwurf ein. Die geplante Typenbezeichnung „Zwei-Schrauben-Korvetten“ wurde zugunsten des Begriffs Fregatte aufgegeben. Die Verwendung von zwei Schrauben machte sie gegenüber der „Flower“-Klasse zwar kaum schneller, aber dafür deutlich wendiger.
Die weiteren geplanten Übernahmen von acht Schiffen (PG-103 bis PG-110) dieser Klasse wurden nicht umgesetzt, da die US-Werften in der Lage waren, mehr als genug Nachbauten selbst zu realisieren.
Nach Kriegsende ging das Typschiff USS *Asheville* PF-1 an Argentinien, PF-2 *Natchez* an die Dominikanische Republik.
Von den ursprünglichen Fregatten der „River“-Klasse ist noch eine, ex HMAS *Diamantina*, als Museumsschiff im Queensland Maritime Museum in Brisbane, Australien erhalten.

Schiffserkennung: Schlank gebaute Backdecker mit bis zur Mitte lang gezogener Back und Geschütz rechteckiger Aufbau in der vorderen Schiffshälfte mit Geschütz und dahinter aufgesetztem Steuerhaus anfänglich mit britischer Radar-„Laterne“ darauf, Pfahl-, zeitweise auch Dreibein-Mast an der Hinterkante, dahinter runder hoher Schornstein, anfänglich ohne, später mit Schrägkappe, achtern mittig in Verlängerung des Backdecks ein weiterer Aufbau mit Geschütz, davor zwei Flak-Wannen, am lang gestreckten Heck beidseits Ablaufgestelle für Wasserbomben. Die drei Geschütze hatten Brustwehren. Die Brückennocken wurden durch Gitter abgestützt.

PF-1; PF-2	
Stapelläufe	1942
Wasserverdrängung	1000 ts
Abmessungen (LxBxT)	92 x 11,1 x 3,5 m
Antrieb	Dampfmaschinen, 5500 PS, 2 Wellen
Geschwindigkeit	20 kn
Bewaffnung	3 x 7,6; 4 x 4 cm, WaBo, 1 Hedgehog

Bauwerft (1):
Canadian Vickers Ltd., Montreal, Kanada

PF-1 Asheville ex-PG-101; ex HMS Ardur (K 269); 1946 Argentinien (Hércules)
PF-2 Natchez ex-PG-102; ex HMS Annan (K 297); 1948 Domin. Rep. (Juan Pablo Duarte)

PG-103; nicht übernommen; an Großbritannien als HMS Barle (K 298)
PG-104; nicht übernommen; an Großbritannien als HMS Cuckmeree (K 299)
PG-105 Danville; nicht übernommen; an Großbritannien als HMS Evenrode (K 300)
PG-106; nicht übernommen; an Großbritannien als HMS Findhorn (K 301)
PG-107; nicht übernommen; an Großbritannien als HMS Inver (K 302)
PG-108; nicht übernommen; an Großbritannien als HMS Lossie (K 303)
PG-109; nicht übernommen; an Großbritannien als HMS Parret (K 304)
PG-110; nicht übernommen; an Großbritannien als HMS Shiel (K 305)

Die zwei bei Vickers in Montreal 1942 ursprünglich für die Royal Navy in Bau gegebenen Patrouillen-Fregatten PF-1 und PF-2 der „River"-Klasse wurden für die U.S. Navy ursprünglich als Kanonenboote PG-101 und PG-102 in Dienst gestellt und im April 1943 auf Patrol Frigates (PF) umklassifiziert. Hier PF-1 „Asheville" (ex HMS „Ardur") in einer Luftaufnahme vom 3.11.1943. Gegenüber den Korvetten der englischen „Flower"-Klasse, auf denen ihr Entwurf basierte, hatten die Fregatten der „River"-Klasse eine deutlich stärkere Maschinenanlage, zwar auch nur einfache Expansion-Dampfmaschinen, aber mit zwei Wellen statt nur einer. Sie waren damit nur um drei Knoten schneller, aber deutlich wendiger.

PF-2 „Natchez" (ex HMS „Annan") aufgenommen über Steuerbord 1943, kurz nach der Umklassifizierung von PG auf PF.

4.2.2.2 PF-3 Tacoma -Klasse

Die 75 von 1943 bis 1945 für die U.S. Navy auf US-Werften fertig gestellten Patrouillen-Fregatten PF-3 bis PF-102 der *Tacoma*-Klasse waren für die U.S. Navy ursprünglich als Kanonenboote PG-111 bis PG-210 in Bau gegeben worden, wurden aber noch vor Indienststellung umklassifiziert. 27 hiervon wurden 1945 leihweise an die Sowjetunion abgegeben, 21 weitere Einheiten (PF-72 bis PF-92) wurden nach Fertigstellung sofort an die Royal Navy als dortige „Colony"-Klasse abgegeben (benannt nach englischen Kolonien). Bis auf ein Schiff, das dort nach Kriegsende verloren ging, wurden die an die Sowjetunion verliehenen Einheiten später zurückgegeben. Die amerikanischen Schiffe fuhren meist mit Besatzungen der U.S. Coast Guard. Es gab keine Kriegsverluste.
Nach Kriegsende gingen 18 Schiffe an Japan, fünf an Süd-Korea, je vier an Mexiko und Frankreich, je drei an Kuba und Kolumbien, je zwei an die Dominikanische Republik, Thailand und die Niederlande und je eines an Peru, Ecuador und Belgien.

PF-3 bis PF-102	
Stapelläufe	1943 und 1944
Wasserverdrängung	1430 ts
Abmessungen (LxBxT)	92 x 11,1 x 3,5 m
Antrieb	Dampfmaschinen, 5500 PS, 2 Wellen
Geschwindigkeit	20 kn
Bewaffnung	2 oder 3 x 7,6; 10 x 4 oder 4 x 4 und 9 x 2 cm, WaBo, 1 Hedgehog

Schiffserkennung: Ähnelten stark der PF-1 Klasse. Hauptunterschiede waren, dass statt des achteren, dritten Geschützes meist ein weitere Flak-Wanne geführt wurde, und das Fehlen der britischen Radar-„Laterne" auf dem Steuerhaus. Der Pfahlmast wurde im unteren Drittel von Dreibein abgestützt. Schornsteine anfänglich ohne, später ebenfalls mit Schrägkappe.

Die „Tacoma"-Klasse umfasst 75 Patrouillen-Fregatten, die ursprünglich als Kanonenboote mit Klassifikation PG in Auftrag gegeben, aber noch vor Indienststellung auf PF umklassifiziert wurden. Das Bild zeigt das Typschiff PF-3 „Tacoma" (ex PG-111) bei der Ausrüstung in Richmond, Ca. im November 1943.

PF-14 „Grand Island“ bei der Betriebsstoffübernahme, vom schweren Kreuzer CA-69 „Boston“ aus fotografiert, am 12.5.1945. Insgesamt 21 weitere Einheiten (PF-72 bis PF-92) wurden nach Fertigstellung an die Royal Navy abgegeben (dort „Colony“-Klasse).

<u>Bauwerften (9):</u>
Kaiser Cargo Inc., Richmond, Ca.: PF-3-14
American SB Co., Lorain, Oh.: PF-15-18, 93-98
American SB Co., Cleveland, Oh.: PF-19-21, 99-102
Walter Butler SB Co., Superior, Wi.: PF-22-33
Consolidated Steel Corp., Wilmington, Ca.: PF-34-51
Froemming Brothers Inc., Milwaukee, Wi.: PF-52-55
Globe SB Co., Superior, Wi.: PF-56-63
Leathem D. Smith SY, Sturgeon Bay, Wi.: PF-64-71
Welsh-Kaiser Co., Providence, R.I.: PF-72-92

PF-3 Tacoma ex-PG-111; 1945 an UdSSR, 1949 zurück an USA; 1951 Südkorea
PF-4 Sausalito ex-PG-112; 1945 an UdSSR, 1949 zurück an USA; 1953 Südkorea
PF-5 Hoquiam ex-PG-113; 1945 an UdSSR, 1949 zurück an USA; 1951 Südkorea
PF-6 Pasco ex-PG-114; 1945 an UdSSR, 1949 an USA, 1953 Japan, dann Südkorea
PF-7 Albuquerque ex-PG-115; 1945 an UdSSR 1949 an USA, 1953 Japan
PF-8 Everett ex-PG-116; 1945 an UdSSR, 1949 an USA, 1953 Japan
PF-9 Pocatello ex-PG-117
PF-10 Brownsville ex-PG-118
PF-11 Grand Forks ex-PG-119
PF-12 Casper ex-PG-120
PF-13 Pueblo ex-PG-121; 1948 an Dominikanische Republik (Presidente Troncoso)
PF-14 Grand Island ex-PG-122; 1947 an Kuba (Maximo Gomez)
PF-15 Annapolis ex-PG-123; 1947 an Mexiko (General Vicente Guerrero)
PF-16 Bangor ex-PG-124; 1947 an Mexiko (Golfo de Tehuantepe)
PF-17 Key West ex-PG-125
PF-18 Alexandria ex-PG-126
PF-19 Huron ex-PG-127
PF-20 Gulfport ex-PG-128
PF-21 Bayonne ex-PG-129; 1945 an UdSSR, 1949 an USA; 1953 Japan
PF-22 Gloucester ex-PG-130; 1945 an UdSSR, 1949 an USA; 1953 Japan
PF-23 Shreveport ex-PG-131
PF-24 Muskegon ex-PG-132; 1947 an Frankreich
PF-25 Charlottesville ex-PG-133; 1945 an UdSSR, 1949 an USA, 1953 Japan

PF-26 Poughkeepsie ex-PG-134; 1945 an UdSSR, 1949 an USA, 1953 Japan
PF-27 Newport ex-PG-135; 1945 an UdSSR, 1949 an USA, 1953 Japan
PF-28 Emporia ex-PG-136; 1947 an Frankreich (Wetterbeobachtungsschiff Le Verrier)
PF-29 Groton ex-PG-137; 1947 an Kolumbien (Almirante Padilla)
PF-30 Hingham ex-PG-138
PF-31 Grand Rapids ex-PG-139
PF-32 Woonsocket ex-PG-140; 1947 an Peru (Gálvez)
PF-33 Dearborn ex-Toledo
PF-34 Long Beach ex-PG-142; 1945 an UdSSR, 1950 an Japan; 1971 an USA (PF-34)
PF-35 Belfast ex-PG-143; 1945 an UdSSR, 1948 auf Grund, nicht retourniert an USA
PF-36 Glendale ex-PG-144; 1945 an UdSSR, 1950 an USA und Thailand (Tachin)
PF-37 San Pedro ex-PG-145; 1945 an UdSSR; 1949 an USA und 1953 an Japan
PF-38 Coronado ex-PG-146; 1945 an UdSSR, 1949 an USA und 1953 an Japan
PF-39 Ogden ex-PG-147; 1945 an UdSSR, 1949 an USA und 1953 an Japan
PF-40 Eugene ex-PG-148; 1947 an Kuba (Jose Marti)
PF-41 El Paso ex-PG-149
PF-42 Van Buren ex-PG-150
PF-43 Orange ex-PG-151
PF-44 Corpus Christi ex-PG-152
PF-45 Hutchinson ex-PG-153; 1947 an Mexiko (California)
PF-46 Bisbee ex-PG-154; 1945 an UdSSR, 1949 an USA und 1952 Kolumbien
PF-47 Gallup ex-PG-155; 1945 an UdSSR, 1949 an USA und 1951 Thailand
PF-48 Rockford ex-PG-156; 1945 an UdSSR, 1949 an USA und 1950 Südkorea
PF-49 Muskogee ex-PG-157; 1945 an UdSSR, 1949 an USA und 1950 Südkorea
PF-50 Carson City ex-PG-158; 1945 an UdSSR, 1949 an USA und 1953 Japan
PF-51 Burlington ex-PG-159; 1945 an UdSSR, 1949 an USA und 1953 Kolumbien

PF-36 „Glendale" im September 1951, wahrscheinlich in Japan aufgenommen, kurz vor der Übergabe an Thailand. In Summe 27 Einheiten der Klasse waren 1945 an die Sowjetunion verliehen worden, darunter auch USS „Glendale" (dort EK-6); im November 1949 wurde das Schiff an die USA retourniert.

PF-40 „Eugene“ in schwerer See, etwa 1945.

PF-52 Allentown ex-PG-160; 1945 an UdSSR, 1949 an USA und 1953an Japan
PF-53 Machias ex-PG-161; 1945 an UdSSR, 1949 an USA und 1953 an Japan
PF-54 Sandusky ex-PG-162; 1945 an UdSSR, 1949 an USA und 1953 an Japan
PF-55 Bath ex-PG-163; 1945 an UdSSR, 1949 an USA N und 1953 an Japan
PF-56 Covington ex-PG-164; 1947 an Ecuador (Guayas)
PF-57 Sheboygan ex-PG-165; 1947 an Belgien (Lieutenant der zee Victor Billet)
PF-58 Abilene ex-Bridgeport; 1947 an die Niederlande (Küstenwache/Cirrus)
PF-59 Beaufort ex-PG-167
PF-60 Charlotte ex-PG-168
PF-61 Manitowoc ex-PG-169; 1947 an Frankreich (Wetterbeobachtungsschiff Le Brix)
PF-62 Gladwyne ex-Worcester; 1947 an Mexiko (Papaloapan)
PF-63 Moberly ex-Scranton
PF-64 Knoxville ex-PG-172; 1947 an Dominikanische Republik (Presidente Peynaldo)
PF-65 Uniontown ex-Chattanooga; 1947 an Argentinien (Sarandi)
PF-66 Reading ex-PG-174; 1947 an Argentinien (Heronia)
PF-67 Peoria ex-PG-175; 1947 an Kuba (Antonio Maceo)
PF-68 Brunswick ex-PG-176
PF-69 Davenport ex-PG-177
PF-70 Evansville ex-PG-178, 1945 an UdSSR, 1949 an USA und 1953 an Japan
PF-71 New Bedford ex-PG-179
PF-72 ex-Machias, an Großbritannien als HMS Anguilla (K 500)
PF-73 ex-PG-181 an Großbritannien als HMS Antigua (K 501)
PF-74 ex-PG-182 an Großbritannien als HMS Ascension (K 502)
PF-75 ex-PG-183 an Großbritannien als HMS Bahamas (K 503)
PF-76 ex-PG-184 an Großbritannien als HMS Barbados (K 504)
PF-77 ex-PG-185 an Großbritannien als HMS Caicos (K 505); 1947 an Argentinien
PF-78 ex-PG-186 an Großbritannien als HMS Cayman (K 506)
PF-79 ex-PG-187 an Großbritannien als HMS Dominica (K 507)
PF-80 ex-PG-188 an Großbritannien als HMS Labuan (K 584)
PF-81 ex-PG-189 an Großbritannien als HMS Tobago (K 585)
PF-82 ex-PG-190 an Großbritannien als HMS Montserrat (K 586)

PF-66 „Reading" in einer Aufnahme ca. 1944/45. Das Schiff fuhr zeitweise mit einer Crew der USCG und wurde 1947 an Argentinien verkauft.

PF-83 ex-PG-191 an Großbritannien als HMS Nyasaland (K 587)
PF-84 ex-PG-192 an Großbritannien als HMS Papua (K 588); 1950 an Ägypten
PF-85 ex-PG-193 an Großbritannien als HMS Pitcairn (K 589)
PF-86 ex-PG-194 an Großbritannien als HMS St. Helena (K 590)
PF-87 ex-PG-195 an Großbritannien als HMS Sarawak (K 591)
PF-88 ex-PG-196 an Großbritannien als HMS Seychelles (K 592)
PF-89 ex-PG-197 an Großbritannien als HMS Perim (K 593)
PF-90 ex-PG-198 an Großbritannien als HMS Somaliland (K 594)
PF-91 ex-PG-199 an Großbritannien als HMS Tortola (K 595)
PF-92 ex-PG-200 an Großbritannien als HMS Zanzibar (K 596)
PF-93 Lorain ex-Roanoke (PG 201); 1947 an Frankreich
PF-94 Milledgeville ex-PG-202
PF-95 Stamford ex-PG-203; Bau storniert Dezember 1943
PF-96 Macon ex-PG-204; Bau storniert Dezember 1943
PF-97 Lorain ex-Vallejo (PG 205); Bau storniert Dezember 1943
PF-98 Milledgeville ex-PG-206; Bau storniert Dezember 1943
PF-99 Orlando ex-PG-207
PF-100 Racine ex-PG-208
PF-101 Greensboro ex-PG-209
PF-102 Forsyth ex-PG-210, 1947 an die Niederlande (Wetterschiff Cumulus)

Steuerbord-Seitenansicht von PF-51 „Burlington“ vom 16.2.1945.

PF-101 „Greensboro“ (ex PG-209) mit Tarnanstrich, eine Aufnahme der USCG 1945.

Eine weitere Aufnahme von PF-101 „Greensboro“ (ex PG-209) mit Tarnanstrich von Anfang 1945, aus der gleichen USCG-Fotoserie.

4.2.2.3 PF-103 Bayndor- bzw. PF-107 Tapi -Klassen

Nachkriegsbauten: Von 1962 bis 1967 wurden diese vier Patrouillen-Fregatten in den USA für den Iran (PF-103 bis PF-106) auf Kiel gelegt und zwei weitere 1970 bis 1972 für Thailand (PF-107 und 108). Keine der Einheiten wurde in der U.S. Navy verwendet.

Schiffserkennung: Inseltyp mit in der Schiffsmitte ein Deck höher gezogener Bordwand und dort konzentrierten Aufbauten. Vor der Brücke ein Hedgehog, auf der Brücke anfangs ein Pfahl-, später ein Dreibein-Mast, dahinter ein stromlinienförmiger, leicht nach achtern geneigter Schornstein mit Schrägkappe. Achtern auf dem Aufbau zwei Flak und auf dem Achterdeck ein Geschütz. Am lang gestreckten Heck beidseits Ablaufgestelle für Wasserbomben. Die später gebauten thailändischen Einheiten hatten einen Geschützturm auf einem zusätzlichen Aufbau auf der Back und ein Radom vor dem Mast. Kein Hedgehog, am Heck jenseits ein U-Jagd-Torpedo-Drillingssätze statt Ablaufgestellen für Wasserbomben.

PF-103 bis PF-108	
Stapelläufe	1962 bis 1967 bzw. 1970 bis 1972
Wasserverdrängung	1135 bzw. 1172 ts
Abmessungen (LxBxT)	91,2 x 9,8 x 3,4 bzw. 83,8 x 10,1 x 3,1 m
Antrieb	Dieselmaschinen, 6000 bzw. 5300 PS, 2 Wellen
Geschwindigkeit	20 kn
Bewaffnung	2 x 7,6; 2 x 4 cm, WaBo, 1 Hedgehog bzw. 2 x 3 32,4 cm U-Jagdtorpedorohre

<u>Bauwerften (3):</u>
Levingston SB, Orange, Tx.: PF-103-106
American SB Co., Toledo, Oh.: PF-107
Norfolk SB Co., Norfolk, Va.: PF-109

PF-103 an Iran als Bayandor (F 25)
PF-104 an Iran als Naghdi (F 26)
PF-105 an Iran als Milanian (F 27)
PF-106 an Iran als Kahnamuie (F 28)
PF-107 an Thailand als HTMS Tapi (PF 5)
PF-108 an Thailand als HTMS Khirirat (PF 6)

4.2.2.4 PF-109 Oliver Hazard Perry -Klasse

Die ersten vier der späteren Flugkörper-Fregatten der FFG-7- bzw. *Oliver Hazard Perry*-Klasse, die in großer Stückzahl gebaut wurden, erhielten bei Inbaugabe 1973 noch „PF"-Kennungen. Nach Fertigstellung zwischen 1977 und 1989 wurden die letzten Einheiten der Klasse 2015 außer Dienst gestellt. Insgesamt 51 Stück wurden für die U.S. Navy gebaut, vier in den USA gebaute Einheiten wurden für Australien in Dienst gestellt (*Adelaide*-Klasse), sechs wurden in Spanien gebaut (*Santa María*-Klasse) und acht stark auf dieser Klasse basierende Einheiten baute Taiwan als *Cheng Kung*-Klasse.

FFG-31, USS *Stark* wurde während des Ersten Golfkrieges 1987 durch zwei irakische Exocet-Flugkörper und FFG-58, USS *Samuel B. Roberts* 1988 durch eine vermutlich iranische Mine schwer beschädigt. Die USS *Simpson*, FFG-57, versenkte dann 1988 ein iranisches Raketen-Schnellboot. Nach Außerdienststellung bei der U.S. Navy wurden Ende der 1990er Jahre acht an die Türkei, fünf an Ägypten, zwei an Polen und eine an Bahrain und noch 2017 zwei an Taiwan abgegeben. Zur Kennung FFG-7 ist anzumerken, dass die ersten sechs Nummern (FFG-1 bis FFG-6) im Jahr 1975 an ehemalige Geleitzerstörer mit Flugkörper-Bewaffnung (DEG) vergeben worden waren. Der kürzlich erteilte Auftrag für den deutlich größeren Nachfolge-Typ der FFG-7-Klasse, die *Constellation*-Klasse (FFG-62), wurde 2020 an ein italienisch-US-amerikanisches Konsortium in Anlehnung an das italienisch-französische FREMM-Design vergeben (Französisch „Frégate européenne multi-mission" bzw. Italienisch: „Fregata europea multi-missione"). Ein „P" kommt dabei durchwegs nicht mehr vor.

PF-109 bis PF-112 (FFG-7 bis FFG-61)	
Stapelläufe	1976 bis 1988
Wasserverdrängung	3993 bzw. 4082 ts
Abmessungen (LxBxT)	135,7 bzw. 138,2 x 13,8 x 7,5 m
Antrieb	Turbinen, 14000 PS, 1 Welle
Geschwindigkeit	29 kn
Bewaffnung	1 x 7,6 cm, 4 MG, 1 CIW Phalanx, 6 32,4 cm ASW-Torpedorohre, 1 Raketenstarter, 2 Helikopter

Die ersten vier Lenkwaffen-Fregatten der „Oliver Hazard Perry"- bzw. FFG-7-Klasse erhielten bei der Auftragsvergabe noch PF-Kennungen; 1973 auf FFG umklassifiziert. Die U.S. Navy baute 51 dieser Schiffe für den Eigenbedarf plus vier für Australien, sechs weitere wurden in Spanien gefertigt und acht auf dieser Klasse basierende Einheiten baute Taiwan als „Cheng Kung"-Klasse. Das Foto zeigt das Typschiff der Klasse FFG-7 „Oliver Hazard Perry" (ex PF-109) bei den Werft-Probefahrten 1977.

FFG-7 „Oliver Hazard Perry“ (ex PF-109) am Erie-See 1979.

Bauwerften (2):
Bath Iron Works Corp., Bath, Me.: PF-109, 110, FFG-11, 13. 15, 16, 21, 24, 26, 29, 32, 34, 36, 39, 42, 45, 47, 49, 50, 53, 55, 56, 58, 59
Todd Pacific Shipyard (Werftstandorte San Pedro, Ca. und Seattle, Wa.): PF-111, 112, FFG-12, 14, 17-20, 22, 23, 25, 27, 28, 30, 31, 33, 35, 37, 38, 40, 41, 43, 44, 46, 48, 51, 52, 54, 57, 60, 61

PF-109 umklassifiziert als FFG-7 Oliver Hazard Perry
PF-110 umklassifiziert als FFG-8 McInerney, 2010 an Pakistan (Alamgir)
PF-111 umklassifiziert als FFG-9 Wadsworth, 2002 an Polen (General T. Kosciuszko)
PF-112 umklassifiziert als FFG-10 Duncan; 2017 an Türkei (als Ersatzteilreserve)
FFG 11 Clark; 2000 an Polen (General K. Pułaski)
FFG 12 George Phillip
FFG 13 Samuel Eliot Morison; 2002 an Türkei (Gokova)
FFG 14 Sides
FFG 15 Estocin; 2003 an Türkei (Goksu)
FFG 16 Clifton Sprague; 1997 an Türkei (Gaziantep)
FFG-17 HMAS Adelaide
FFG-18 HMAS Canberra
FFG 19 John A. Moore; 2000 an Türkei (Gediz)
FFG 20 Antrim; 1997 an Türkei (Giresun)
FFG 21 Flatley; 2001 an Türkei (Gemlik)
FFG 22 Fahrion; 1998 an Ägypten (Sharm El-Sheik)
FFG 23 Lewis B. Puller; 1998 an Ägypten (Toushka)
FFG 24 Jack Williams; 1996 an Bahrein (Sabha)
FFG 25 Copeland; 2011 an Ägypten (Mubarak)
FFG 26 Gallery; 1996 an Ägypten (Taba)
FFG 27 Mahlon S. Tisdale
FFG 28 Boone
FFG 29 Stephen W. Groves
FFG 30 Reid; 1999 an Türkei (Gelibolu)
FFG 31 Stark
FFG 32 John L. Hall
FFG 33 Jarrett
FFG 34 Aubrey Fitch
FFG-35 HMAS Sydney
FFG 36 Underwood
FFG 37 Crommelin
FFG 38 Curts
FFG 39 Doyle
FFG 40 Halyburton
FFG 41 McClusky
FFG 42 Klakring

FFG-10 „Duncan“ (ex PF-112) war die vierte und auch letzte Einheit der Klasse, die noch mit einer PF-Kennung bewilligt und zum Bau vergeben wurde. Auch das Konzept dieser für die U.S. Navy im Kalten Krieg so wichtige und umfangreiche Klasse an modernen Lenkwaffen-Fregatten wurde federführend vom energischen CNO Admiral Elmo Zumwalt entworfen und lief unter dem Arbeitstitel „Patrol Frigates“. Diese Luftaufnahme entstand vor San Diego 1986.

Backbord-Seitenansicht von FFG-8 „McInerney“ (ex PF-110) in Chile 2003. Die ursprüngliche Verwendung der P-Klassifikation für diese großen Schiffe zeigt besonders deutlich, wie weit die U.S. Navy den Begriff „Patrol“ zeitweise fasste.

Schiffserkennung: Schlank gebaute Glattdecker (Flushdecker) mit deutlichem Deckssprung und Schanzkleid und Raketenstarter auf der Back, lang gestrecktem Aufbau in der Schiffsmitte mit erhöhtem Steuerhaus vorn, je zwei kleinen und hohen Gittermasten und Geschütz darauf, und sich achtern zu einem bis zu den Bordwänden reichendem Hangar verbreiternd, darauf ein kleiner, sich nach oben verjüngendem Schornstein. Das Achterdeck ist ein Helikopter-Landedeck.

FFG 43 Thach
FFG-44 HMAS Darwin
FFG 45 De Wert
FFG 46 Rentz
FFG 47 Nicholas
FFG 48 Vandegrift
FFG 49 Robert G. Bradley; 2019 an Bahrain (Ersatzteilreserve)
FFG 50 Taylor; 2016 an Taiwan (Ming-chuan)
FFG 51 Gary; 2016 an Taiwan (Feng Jia)
FFG 52 Carr
FFG 53 Hawes
FFG 54 Ford
FFG 55 Elrod
FFG 56 Simpson
FFG 57 Reuben James
FFG 58 Samuel B. Roberts
FFG 59 Kauffman
FFG 60 Rodney M. Davis
FFG 61 Ingraham

Luftaufnahme von FFG-8 „McInerney" (ex PF-110) mit einem SH-60B Seahawk Hubschrauber, im März 1981.

4.2.3 Patrouillen-Küsten-Fahrzeuge (PBC/PC)

4.2.3.1 PC-1 Cyclone -Klasse

PC-1 bis PC-14	
Stapelläufe	1992 bis 1999
Wasserverdrängung	110 ts
Abmessungen (LxBxT)	51,9 x 7,6 x 2,4 m
Antrieb	Diesel, 13400 PS, 4 Wellen
Geschwindigkeit	17 kn
Bewaffnung	2 x 2,5 cm, 2 MG, 6 Stinger-SAM, 2 Granatwerfer

Die 14 schnellen Patrouillen-Küstenfahrzeuge PC-1 bis PC-14 (Patrol Craft/Boat, Coastal), die von 1993 bis 2000 in Dienst gestellt wurden, sollten ursprünglich mit „PBC" klassifiziert werden, erhielten aber trotz der Bezeichnung „Coastal" nicht die Kennung „PCc" oder „PCC" sondern nur „PC", also dieselbe wie die U-Boot-Jäger mit Stahlrumpf aus dem Zweiten Weltkrieg, und dass, obwohl wieder mit der Rumpfnummer „1" begonnen wurde. Allerdings wurden die Nummern PC-1 bis PC-14 seinerzeit nicht aktiv verwendet, da die Zahlenreihenfolge zusammen mit den „SC"-Einheiten vergeben wurden, und es daher als Namensbezeichnung nur SC-1 bis SC-14 gab. Auch dies ist einer der selten, aber doch gelegentlich vorkommenden unlogischen Aspekte des ansonsten strikten US-Klassifizierungs- und Nummerierungssystem der U.S. Navy seit 1920. Diese Boote der *Cyclone*-Klasse hatten mit ihren 35 Knoten Geschwindigkeit und ihrer Größe durchaus Schnellbootcharakter. Es handelt sich um reine Artillerieträger, auch wenn zur Flugabwehr Stinger-Raketen mitgeführt wurden. Trotz ihrer

Die U.S. Navy entwickelte diese klassischen Küstenpatrouillenbooten in den 1980er Jahren als Ersatz für die kleinen Patrouillenboote aus der Zeit des Vietnamkriegs. Hauptaufgabe sollte die Überwachung von Küstenoperationen sein, auch im offensiven Einsatz, dazu die Missionsunterstützung für SEALs und andere Spezialeinheiten, meist den Naval Special Warfare-Einheiten zugeteilt. Gebaut wurden 14 Einheiten, neun operierten ursprünglich von der Naval Amphibious Base Little Creek in Virginia und vier von der Naval Amphibious Base Coronado in Kalifornien aus. Die Abbildung zeigt das Typschiff PC-1 „Cyclone", das am 7.8.1993 in Dienst gestellt wurde, vor Haiti 1994.

Die Patrol Coastal Squadron 1 (PCRON 1) bei der 5. US-Flotte im Persischen Golf, hier USS „Hurricane“ (PC-3), „Chinook “ (PC-9) and „Typhoon“ (PC-5) im März 2015.

Foto-Shooting mit einer übergroßen US-Flaggen für die PR-Abteilung der Navy, im Persischen Golf im März 2015: USS Hurricane (PC-3) an der Spitze einer Formation von Booten der „Cyclone“-Klasse der Patrol Coastal Squadron 1. Die Boote haben u.a. die Aufgabe, die großen Schiffe der 5. Flotte vor Terrorangriffen zu schützen. Gleichzeitig sollen sie die großen Schiffe auch hinsichtlich dieser wichtigen Aufgabe entlasten, da diese selbst dafür weniger geeignet sind.

Eine Luftaufnahme von PC-6 „Sirocco“ im Persischen Golf vom 15.1.2001.

Kennung waren sie in keiner Weise als U-Boots-Jäger konzipiert, sondern dienten auch zum Einsatz von Spezialkräften und bei der Drogenschmuggelbekämpfung, ähnlich wie die deutlich kleineren „PB“-Patrouillenboote (siehe Abschnitt 4.2.6). Das Typschiff wurde 2004 an die Philippinen abgegeben. Einige der Einheiten wurden, z.T. vorübergehend, an die U.S. Coast Guard abgegeben (mit WPC-Kennung), die mit diesen u.a. im Persischen Golf operierten. Im Februar 2021 stellte die U.S, Navy ihre letzten drei im Anti-Drogen-Einsatz verbliebenen Boote außer Dienst, der Ankauf auch dieser Einheiten durch die Philippinen wird erwogen. Sechs Boote sind 2022 noch aktiv.

<u>Bauwerft (1):</u>
Bollinger Machine Shop and Shipyard, Lockport, La. (PC-1-14)

PC-1 Cyclone, USCGC Cyclone (WPC 1)
PC-2 Tempest, USCGC Tempest (WPC 2)
PC-3 Hurricane
PC-4 Monsoon, USCGC Monsoon (WPC 4)
PC-5 Typhoon
PC-6 Sirocco
PC-7 Squall
PC-8 Zephyr
PC-9 Chinook
PC-10 Firebolt
PC-11 Whirlwind
PC-12 Thunderbolt, USCGC Thunderbolt (WPC 12)
PC-13 Shamal, USCGC Shamal (WPC 13)
PC-14 Tornado, USCGC Tornado (WPC 14)
PC-15 bis PC-17: Bau storniert

PC-6 „Sirocco“ im Persischen Golf, fotografiert aus der Luft bei der Übung „Spartan Kopis“ am 15.1.2001.

USS „Shamal“ (PC-13) vor der Küste von Florida im März 2016.

USCGC „Tornado“ (WPC 14) als „Fast Response Cutter“ der Küstenwache; gemäß der ursprünglichen Vereinbarung wurden diese Patrouillenboote als „Kutter“ der Coat Guard geführt, wobei die Navy das Eigentum behielt und für die langfristige Wartung und das Ersatzteilmanagement aufkam, während sie von Besatzungen der Küstenwache bemannt und betrieben werden (Foto: USCG).

Schiffserkennung: Schlank gebaute Glattdecker (Flushdecker) mit deutlichem Deckssprung und Geschütz auf der Back, lang gestrecktem, rechteckigen, schräg ansteigenden Aufbau vor der Schiffsmitte mit erhöhtem Steuerhaus in der Mitte und größerem Gittermast dahinter, dahinter, auf verbindendem Sockel, zwei weitere kleinere rechteckige Aufbauten, mit Laufbrücken mit dem vorderen verbunden. Auf dem hinteren davon ein weiteres Geschütz, auf dem kurzen Achterdeck Kran für RIHB, Schrägheck mit rechteckigem Einschnitt im Heckspiegel.

Luftbild von USS „Whirlwind“ (PC-11), aufgenommen am 29.9.2011 im Bereich der 5. Flotte im Persischen Golf. Der stark verschmutze Rumpf deutet auf einen schon langen Einsatz hin, die übergroße und saubere US-Flagge kommt dadurch umso besser zur Geltung.

Eine fotografisch sehr schöne Gegenlichtaufnahme von USS „Whirlwind“ (PC-11) im Persischen Golf am 18.8.2013.

4.2.4 Fluss-Patrouillenboote (RPC/PBR/ASPB)

Diese kleinen Einheiten wurden speziell für den Einsatz in den Flüssen im Vietnam-Krieg entworfen und gebaut. Ihre Rumpfkennungen enthalten verkürzte Versionen der Klassenkennungen und z.T. die Rumpflänge der Klasse in Fuß und das Haushalts- oder Fertigstellungsjahr der Einheit. Sie werden hier nicht einzeln aufgelistet.

4.2.4.1 C13.371 -Klasse

Die 35 Einheiten der 13 ts/36 Fuß-Fluss-Patrouillenfahrzeuge (RPC – River Patrol Craft) wurden 1965 bis 1966 gebaut und Ende des Jahrzehnts an Süd-Vietnam abgegeben. Auch sie werden hier nicht einzeln aufgelistet.

Schiffserkennung: Plump wirkende Glattdecker (Flushdecker) ohne Deckssprung mit niedrigem Freibord und Geschützturm auf der Back, vorn kompakte Brücke mit schräger Frontseite mit MG-Stellung darauf, am Heck panzerartiger Aufbau mit zwei Geschützen.

RPC: C13.371 bis C-13.381; C-13.456 bis C-13.479	
Bauwerften	Peterson Builders / Birchfield SB.
Stapelläufe	1965 und 1966
Wasserverdrängung	13 ts
Abmessungen (LxBxT)	10,3 x 3,3 x 1,1 m
Antrieb	Diesel, 450 PS, 2 Wellen
Geschwindigkeit	15 kn
Bewaffnung	1 x 2; 1 x 1,3; 1 x 0,8 cm

Buggansicht eines weiteren „36-Fuß-Fluss-Patrouillenbootes“ mit Hull No. C-13.456 aufgenommen am 6.7.1965 in Tacoma, Washington bei der Ausrüstung (Birchfield Boiler Co.).

Insgesamt 35 PCR (River Patrol Craft) vom Grundtyp Hull No. C-13.371 mit 13 ts Verdrängung wurden 1965 bis 1966 gebaut, üblicherweise bezeichnet als „36-Fuß-Fluss-Patrouillenboote“ (36' River Patrol Craft). Hier eines dieser „36' RPC“ am 22.12.1964 bei Werftprobefahrten vor Tacoma, Washington (Peterson Boatbuilding Co.). Sie hatten sechs Mann Besatzung.

4.2.4.2. 31RP66.1 -Klasse

Die 407 der 7 ts / 31 Fuß-Fluss-Patrouillenboote (PBR – River Patrol Boat) wurden in drei sehr ähnlichen Serien (Mark I bis III) 1966 bis 1983 gebaut und meist Ende der 1960er Jahre bzw. 1973 beim Abzug der US-Amerikaner an Süd-Vietnam abgegeben. 35 noch im Besitz der U.S. Navy verbliebene Einheiten wurden in den 1980er und 1990er Jahren außer Dienst gestellt. Ein Boot dieses Typs war der „Star" im bekannten Spielfilm „Apocalypse Now" von 1979.

Schiffserkennung: Glattdecker (Flushdecker) mit geschwungenem Deckssprung mit niedrigem Freibord und Doppel-Geschütz auf der Back, niedrige, trapezoide offene Brücke mit schräger Frontseite und Radarmast, am Heck Geschütz.

PBR: 31RP66.1 bis 66.161; 31RP67.1 bis 67.81; 31RP68.1 bis 68.78; 31RP69.1 bis 69.18; 31RP70.1 bis 70.20; 31RP71.1 bis 71.20; 31RP72.1 bis 72.20; 31RP73.1 bis 73.10	
Bauwerften	United Boatbuilders, Bellingham
Stapelläufe	1966 bis 1973
Wasserverdrängung	7 ts
Abmessungen (LxBxT)	9,5 bis 9,7 x 3,2 bis 3,6 x 0,6 bis 0,8 m
Antrieb	Diesel, 432 PS, 2 Waterjets
Geschwindigkeit	25 kn
Bewaffnung	1 x 1,3; 2 x 4 cm, 6 cm Mörser, 4 cm Granatwerfer

Mehrere Hundert dieser deutlich kleineren „31 Fuß-Fluss-Patrouillenboote" (31' Patrol Boat River, PBR) wurden zwischen 1966 und 1983 in drei unterschiedlichen Serien gebaut. Sie hatten nur 7 ts Wasserverdrängung und standardmäßig vier Mann Besatzung. Hier ein „31' PBR" der Serie Mark I im Jahr 1966.

Ein „31' PBR" der Serie Mark I in hoher Fahrt, fotografiert 1966. Die Boote spielten eine wichtige Rolle bei der Flusskriegsführung in Vietnam. Eines dieser „31' RBP" erlangte im erfolgreichen Spielfilm „Apocalypse Now" des Regisseurs Francis Ford Coppola aus dem Jahr 1979 Berühmtheit. Der Film gilt laut Wikipedia als einer der Höhepunkte der sogenannten „New-Hollywood-Ära" und wird von vielen Kritikern zu den einflussreichsten bzw. besten Filmen des 20. Jahrhunderts gezählt.

Ein „31' PBR" in einer Aufnahme aus der Luft in Suisun Bay, Ca. im Jahr 1966.

Ein „31' PBR" in Suisun Bay, Ca. in Vorbereitung eines Einsatzes in Vietnam in den 1960er Jahren.

4.2.4.3 50AB67.1 -Klasse

Die 108 der 26 ts/50 Fuß-Fluss-Angriffsunterstützungs-Patrouillenboote („ASPB" für „River Assault Support Patrol Boat") wurden 1967 bis 1970 gebaut und später, beim Abzug der US-Amerikaner 1973, meist an Süd-Vietnam abgegeben. Ende der 1970er Jahre wurden die letzten zwei noch im Besitz der U.S. Navy verbliebene Einheiten außer Dienst gestellt.

Schiffserkennung: Glattdecker (Flushdecker) ohne Deckssprung mit niedrigem Freibord und Geschützturm auf der Back, ab der Schiffsmitte großer trapezoider Aufbau mit offenem Steuerstand und dahinter Geschütz darauf, Brücke mit schräger Frontseite mit MG-Stellung darauf, am kurzen Achterdeck noch beidseits je ein Geschütz.

ASPB: 50AB67.1 bis 67.37; 50AB68.1 bis 68.60; 50AB70.1	
Bauwerften	Gunderson Marine; Sewart Seacraft
Stapelläufe	1967 bis 1970
Wasserverdrängung	26 ts
Abmessungen (LxBxT)	15,3 x 4,7 x 1,1 m
Antrieb	Diesel, 850 PS, 2 Wellen
Geschwindigkeit	14 kn
Bewaffnung	1 bis 2 x 2; 1 bis 2 x 1,3 cm, 3 MG, 6 cm Mörser, Granatwerfer

Über Einhundert dieser „50 Fuß-Fluss-Angriffsunterstützungs-Patrouillenboote" (River Assault Support Patrol Boat, ASPB) wurden 1967 bis 1970 gebaut. Sie hatten 26 ts Verdrängung und fünf Mann Besatzung. Die Boote sollten u.a. leichte Feuerunterstützung durch Artillerie und Mörser im Flussbereich für Truppen an Land ermöglichen. Die Aufnahme zeigt ein ASPB unterwegs im Mekong-Delta, im Juni 1968.

Ein „50‘ ASPB“ mit Hull No. 50AB67 in einer Werftaufnahme vom 17.8.1967 vor Portland, Oregon (Gunderson Brothers Engineering Corp.).

Sikorski-Prototyp eines „50‘ ASPB“ der Serie Mark II in einer Aufnahme um 1969, mit 105 mm Haubitze.

Eine weitere Luftaufnahme des Sikorski Prototyps eines „50‘ ASPB“ Mark II um 1969 mit 105 mm Haubitze.

Ein Sewart Seacraft „50‘ ASPB“ Mark II Prototyp, hier mit drei leichten Geschütztürmen und einem Mörser im Bugbereich, aufgenommen am 21.3.1969.

Ein Angriffsunterstützungs-Patrouillenboot vom Typ „50‘ ASPB“ der Task Force 117 unterwegs mit Sonnensegel auf einem Fluss in Vietnam, fotografiert am 16.12.1967.

4.2.5 Patrouillen-Luftkissenfahrzeuge (PACV)

4.2.5.1 PACV-1 -Klasse

Die drei 7 ts/39 Fuß-Patrouillen-Luftkissenfahrzeuge („PACV" für Patrol Air Cushion Vehicle), die von der britischen Firma Hovercraft 1965 gebaut wurden, wurden ebenfalls im Vietnam-Krieg eingesetzt. Weitere drei wurden für die U.S. Army gebaut, die viel mehr Änderungen gegenüber dem ursprünglichen britischen Entwurf aufwiesen, als die drei Fahrzeuge der Navy. Keine der Navy-Einheiten ging verloren, sie wurden 1970 an die U.S. Coast Guard zu Erprobungszwecken an der US-Westküste abgegeben.

Schiffserkennung: Hufeisenförmiger flacher Luftkissen-Rumpf mit stromlinienförmigen Brückenaufbau mit MG-Wannen darauf vorn, und Luftschraube und Leitwerk am Heck.

PACV-1 bis PACV-3	
Bauwerften	British Hovercraft Corp./ Bell Aerosystems
Stapelläufe	1965
Wasserverdrängung	7 ts
Abmessungen (LxBxT)	11,8 x 7,2 x m
Antrieb	Gasturbinen, 800 PS
Geschwindigkeit	60 kn
Bewaffnung	4 MG, Granatwerfer

Die nur 7 ts großen Luftkissenfahrzeuge vom Typ PACV basierten auf dem zivilen Modell Bell Aerosystems SK-5; einer lizenzierten Version der britischen Firma Saunders-Roe SR.N5 Hovercraft (später British Hovercraft Corporation). Drei Stück wurden von der US Navy Mitte der 1960er Jahre für Einsätze im aufkommenden Vietnamkrieg geordert (und später an die USCG abgegeben), drei weitere von der U.S. Army. Hier im Bild PACV-3 in Vietnam bei der Kontrolle eines vietnamesischen Bootes auf Konterbande.

Drei PACV verlassen das Wasser in Bekämpfung von Vietkong-Einheiten an Land, laut Bildbeschreibung der Navy in einer Operation mit Datum 21.11.1966. Ein großes Problem der nur versuchsweise eingesetzten Luftkissenfahrzeuge war der enorme Lärmpegel, den sie verursachten.

Eine weitere Aufnahme eines Patrol Air Cushion Vehicles vom Typ PACV-1 beim Einsatz gegen Vietkong am 21.11.1966.

Die drei Patrol Air Cushion Vehicle der Navy wurden auch zum Einsatz auf Dock-Landungsschiffen getestet. Hier verlässt PACV-3 den Dockbereich von USS „Gunston Hall" (LSD-5); aufgenommen Anfang 1967 vor San Diego, Ca. Die Fahrzeuge konnten neben den vier Mann Besatzung bis zu zwölf Soldaten transportieren, einige davon dabei allerdings außerhalb der kleinen Kabine.

U.S. Coast Guard Air Cushion Vehicle (mit nunmehriger USCG-Kennung ACV-2). Die drei Navy-Einheiten wurde 1970 an die USCG transferiert und intensiven Tests unterzogen, auch unter arktischen Bedingungen in Alaska. 1975 stellte die Coast Guard das Testprogramm aber aus Kostengründen ein. Ein Navy-Fahrzeug des Typs blieb im Yanks Air Museum in Chino, Ca. erhalten, ein weiteres der Armee im U.S. Army Transportation Museum in Fort Eustis, Va.

Luftkissenboot PACV-3 in Kau Hai Bay nahe Hue in Vietnam 1968. Die drei Einheiten der Armee wiesen deutlich umfangreichere Modifikationen gegenüber dem zivilen Modell Bell Aerosystems SK-5 auf als die drei der von der U.S. Navy angekauften.

4.2.6 Allwetter-Patrouillenboote (PB)

Die Rumpfkennungen dieser Boote, die auch zum Einsatz von Spezialkräften und der Drogenschmuggelbekämpfung dienen, enthalten in der Rumpfkennung z.T. die Rumpflänge der Klasse in Fuß oder (später) Metern und das Haushalts- oder Fertigstellungsjahr der Einheit, wie für solche Kleinfahrzeuge in der U.S. Navy üblich. Meistens tragen die Boote keine Kennnummern sichtbar am Rumpf.

4.2.6.1 25PB72.1 -Klasse

Diese 23 von 1973 bis 1986 27 bis 42 ts/65 Fuß-Allwetter-Patrouillenboote (PB) wurden mit der Bezeichnung „All Weather Patrol Boats" in drei Serien (Mark I, III und IV) gebaut, die späteren Serien waren deutlich größer. Sie wurden bis Ende der 1990er Jahre außer Dienst gestellt; zwei gingen dann an Kolumbien, eines an Ghana.

Schiffserkennung: Glattdecker (Flushdecker) mit geringem Deckssprung und Geschützturm auf der Back, in der Schiffsmitte flacher Aufbau mit schräger Frontseite und Steuerstand mit kleinem Mast dahinter. Bei den Mark III und IV-Booten Aufbau und Steuerstand in der hinteren Schiffshälfte, bei ersteren nach Steuerbord versetzt.

65PB72.1 bis 65PB72.2; 65PB73.1 bis 65PB73.9; 65PB75.1 bis 65PB75.10; 65PB77.1 bis 65PB77.8; 65PB84.1 bis 65PB84.3	
Bauwerften	Swiftships, Peterson Builders, Atlantic Marine
Stapelläufe	1972 bis 1984
Wasserverdrängung	27 bis 42 ts
Abmessungen (LxBxT)	19,8 bis 20,9 x 5,3 bis 5,5 x 1,4 m
Antrieb	Diesel, 1950 PS, 3 Wellen
Geschwindigkeit	30 kn
Bewaffnung	1 x 2,5 ;1 x 2 cm, 8 cm Mörser, Granatwerfer

Ein Typ Specter Patrol Boat Mark III aufgenommen in der Chesapeake Bay, Va. am 20.8.1978. Von 1973 bis 1986 wurden über 20 dieser „60 Fuß-Allwetter-Patrouillenboote" (All Weather Patrol Boat/PB) gebaut, die Verdrängung lag bei 27 ts.

Drei Typ Specter Patrol Boats Mark III aus einer Fotoserie in der Chesapeake Bay vom 20.8.1978.

Heckaufnahme eines Typ Specter Patrol Boats Mark III, ebenfalls aufgenommen am 20.8.1978.

4.2.6.2 PB94.01 -Klasse

Diese zwanzig, auch als „Pegasus"-Klasse bezeichneten 68 ts/76 Fuß-Allwetter-Patrouillenboote (PB, Mark V - Special Operations Craft) wurden von 1995 bis 1999 gebaut und bis 2018 außer Dienst gestellt.

Schiffserkennung: Im schnittigen Rennyacht-Design gehaltene Glattdecker (Flushdecker) mit leerer Turtleback-Back, in der Schiffsmitte flacher Aufbau mit schräger Frontseite Zweibein-Schrägmast am hinteren Ende, Schrägheck mit RIHB. Einige Boote später wohl auch mit Geschütz auf der Back und erhöhtem Steuerstand achtern auf dem Aufbau.

25PB94.01, 25PB95.01, 25PB00.01, 25PB02.01 bis 25PB02.12, 25PB03.01, 25PB03.02, 25PB04.01 bis 25PB04.03, 25PB05.01	
Bauwerften	Trinity-Equitable SY, New Orleans, Lou.
Stapelläufe	1995 bis 1998
Wasserverdrängung	68 ts
Abmessungen (LxBxT)	25 x bis 5,3 x 1,3 m
Antrieb	Diesel, 4570 PS, 2 Waterjets
Geschwindigkeit	45 kn
Bewaffnung	4 bis 16 x 1,3; 2 x 0,8 cm, 4 cm Mörser

Hier ein Patrol Boat (PB) vom Typ Mark V SOC (Special Operations Craft), das von Halter Marine Inc. in Gulfport, Miss. hergestellt wurde; der Typ wurde 1995 bis 2013 (bzw. 2018) in der U.S. Navy als Spezialfahrzeuge für die SEALs verwendet. Das amtliche Navy-Foto vor Key West, Fla. stammt vom 28.4.2009, aufgenommen im Rahmen der Dreharbeiten für den Film „I Am That Man" von Matthew Marsden, der über das problematische Leben eines Navy-SEALs handelt.

Die Mark V SOC konnten auch fliegen. Das Foto zeigt die Luftverladung eines solchen Bootes in eine C-5 Galaxy Transportmaschine des 349th Air Mobility Wing im Jahr 1999, auf der Travis Air Force Base in Kalifornien.

Vorführung der Leistungsfähigkeit eines PB vom Typ Mark V SOC vor Norfolk, Va. am 21.7.2007, als Teil der jährlichen „East Coast SEAL Reunion Capabilities Demonstration“.

Ein Mark V Special Operations Craft vor San Clemente Island, Ca. am 7.2.2008. Eine Drohne zur Aufklärung (Scan Eagle) wird gerade gestartet.

4.2.6.3 CC(P)B-1 -Klasse

Diese modernen 72 ts/85 Fuß-Küsten-Kommandoboote bzw. Allwetter-Patrouillenboote (CC(P)B/ PB Mark VI/ Coastal Command (Patrol) Boats / All-Weather Patrol Boats) werden seit 2014 gebaut, zwölf wurden fertig gestellt, weitere 24 sind in Bau oder geplant.

Schiffserkennung: Bullig wirkende Backdecker mit Geschütz auf der Back, dahinter vorn zweistufige Brücke mit trapezoider schräger Frontseite und MG-Stellung und Schrägmast darauf, anschließend größerer rechteckiger Aufbau-Komplex, ebenfalls mit MG, auf dem Achterdeck Geschütz auf kleinerem Aufbau.

CC(P)B-1 bis CC(P)B-48	
Bauwerften	Safe Boats International, Tacoma
Stapelläufe	Seit 2014
Wasserverdrängung	72 ts
Abmessungen (LxBxT)	25,9 x 6,3 x 1,4 m
Antrieb	Diesel, 5200 PS, 2 Waterjets
Geschwindigkeit	41 kn
Bewaffnung	1 x 2,5; 4 x 1,3 cm, Granatwerfer

Drei Mark VI Patrouillenboote an der Coastal Riverine Squadron (CRS) 2 in Formation vor Apra Harbour, Guam am 8.5.2019, im Zuständigkeitsbereich der 7. Flotte. Sie werden auch bei der 5. und 6. US-Flotte eingesetzt.

CCB-Einsatzübung im Jahr 2014 im Persischen Golf, hier in den Dockbereich von USS „Mesa Verde“ (LPD-19) einlaufend.

Das ursprüngliche Coastal Command Boat (CCB) war der etwas kleinere Prototyp der Mk VI CCPB, der 2013 ausgeliefert wurde; Motor, Bewaffnung und andere Systeme waren ansonsten weitgehend identisch zu jenen des frontreifen Mark VI-Typs ausgelegt. Das Fahrzeug wurde ab 2014 bei der 5. US-Flotte in Golf eingesetzt, um Taktiken und Techniken für den Einsatz der Mark VI, vor der geplanten Stationierung dieser Boote in Bahrain ab Jahr 2016, zu evaluieren. 2018 wurde das Boot in USA zurückgebracht, deaktiviert und von der Navy abgegeben.

Ein Mark VI Patrol Boat der Coastal Riverine Squadron (CRS) 3 in San Diego 2019. Die Fahrzeuge verdrängen 72 ts, insgesamt 36 sind im Einsatz oder zur Beschaffung vorgesehen.

4.3 Schnellboote (PT, BPT, PTF, PCF, PGH, PHM)

Die ersten umfangreicheren Serien von Torpedo-Schnellbooten wurden von den Briten (Küsten Motorboote – Coastal Motor Boats/ CMB) und Italienern (Bewaffnete Motorboote – Motobarca Armato Silurante / MAS) im Ersten Weltkrieg gebaut. Den Italienern gelang mit einem MAS im Juni 1918 in der Adria die Versenkung des k.u.k. Dreadnought-Schlachtschiffes SMS „Szent István“ der „Tegetthoff“-Klasse. In der deutschen Kaiserlichen Marine gab es die Luftschiffmotor (LM)-Boote. Auch bei der französischen und der k.u.k. Kriegsmarine wurde mit solchen Booten experimentiert.

Im Vorfeld und zu Beginn des Zweiten Weltkrieges 1939 stellten insbesondere Deutschland und Italien und wiederum Großbritannien große Mengen an neuen und modernen Schnellbooten mit Torpedobewaffnung in Dienst, wobei letztere auch viele Kanonenschnellboote (MGB) ohne Torpedos bauten.

Die USA zogen nach dem Kriegsbeginn in Europa, noch vor ihrem eigenen Kriegseintritt Ende 1941, mit einem riesigen Bauprogramm nach. Basis für die Entwicklung war das „Experimental Small Craft Program“, das aber nicht exklusiv den Schnellbooten galt. Es war die Grundlage zur Entwicklung entscheidender Prototypen. Im Krieg wurden dann in einem gigantischen Bauprogramm schließlich etwa 800 Schnellboote in Auftrag gegeben (etwa 700 frontreife Boote fertiggestellt), das aber sehr bescheiden begann.

Aus den USA kamen ursprünglich drei Entwürfe, zwei von privater Seite und einer von der Navy selbst. Auf dieser Basis wurden auf vier Werften die Versuchsboote PT-1 bis PT-8 gebaut, deren Design und Leistungsfähigkeit bei den Erprobungen aber als weitgehend unzureichend beurteilt wurden.

Das bauliche Konzept und der Entwurf der aus Holz gebauten Boote kam schließlich aus Großbritannien und basierte stark auf dem MTB-Design der Royal Navy. Die Electric Boat Company (kurz: Elco) kaufte ein britisches 70-Fuß-Boot bei der Werft British Power Boat Co. in Hythe in Hampshire in Großbritannien an und brachte es zu Versuchen nach Amerika. Die Tests bei der Motor Torpedo Boat Squadron ONE (MTBRon 1) verliefen sehr zufriedenstellend; im Juli 1940 kaufte die Navy das Boot formal an und machte es zu PT-9. (Die Versuchsboote PT-1 bis PT-9 werden hier in einer Klasse bzw. Rubrik zusammengefasst.)

Bereits vor dem offiziellen Ankauf vergab die Navy an Elco einen Auftrag zum Bau von 10 PT-Booten (PT-10 bis PT-19) auf Basis des MTB-Designs der Royal Navy, sie verlangte aber einige Adaptierungen, darunter Änderungen an den Strukturen des Oberdecks und die Verwendung von neu entwickelten amerikanischen Benzinmotoren von Packard Marine.

Die Boote PT-10-Klasse waren 41 Konten schnell, verdrängten nur etwa 40 ts, sie galten bald als zu leicht, mit gut 21 m (70 Fuß) Länge auch als etwas zu kurz. Als Ergebnis der Erprobungen verlangte die Navy weitere Verbesserungen. Die Seefestigkeit konnte durch Änderung der Rumpfstruktur etwas gesteigert werden, die Gesamtlänge wurde auf 77 Fuß erhöht und die Boote auch zur Aufnahme von größeren Standard-Torpedos der Navy adaptiert.

Trotzdem blieben amerikanische Schnellboote mit im Durchschnitt nur etwa 25 m Länge und gut 50 bis 55 ts Verdrängung deutlich kleiner als die Schnellboote von Deutschlands Kriegsmarine (Elco baute schließlich hauptsächlich 80 Fuß-Boote, d.h. 25 m), alle folgenden in Großserien gebauten Einheiten hatten etwa 15 Mann Besatzung und liefen alle über 40 Knoten. Sie hatten aber durchwegs eine sehr kurze Reichweite bei hohem Benzinverbrauch. Meist waren sie mit vier Torpedos ausgestattet.

Die U.S. Navy verwendete Benzinmotoren für ihre Schnellboote, obwohl bei diesen die Brandgefahr in Verbindung mit der Holzbauweise sehr hoch war (es gingen auch zahlreiche dieser Boote durch Brandunfälle verloren). Dieselmotoren, wie sie die deutschen Schnellboote (ab S 6) verwendeten, hätten dieses Problem substantiell verringert, da der Brennpunkt des Betriebsstoffes viel höher liegt als bei Benzin. Es war aber schwierig und sehr aufwändig, leichtgewichtige Dieselmotoren für hohe Geschwindigkeiten zu bauen. Weder die USA noch Großbritannien hatten solche Motoren zur Serienreife entwickelt und die U.S. Navy entschied sich deshalb für den vorhandenen und einfacher herzustellenden Benzinmotor und blieb auch dabei (noch bis weit in die Nachkriegsjahre hinein).

Elco erhielt von der Navy erneut einen neuen Auftrag zum Bau von vorerst zwei Dutzend weiteren Booten (PT-20-Klasse), der später erweitert wurde. Während Elco diese neuen Boote mit den gewünschten Änderungen baute, entwickelten zwei andere Werften auf eigene Kosten PT-Boote in Konkurrenz zu Elco, die Huckins Yacht Corp. in Jacksonville, Fl. (später Prototyp PT-69) und Higgins Industries in New Orleans, La. (spätere Prototypen PT-70 und PT-564). Die Navy fand Gefallen auch an diesen Entwürfen, die im Gesamtdesign auch deutliche Ähnlichkeiten mit dem ursprünglich britischen MTB-Design aufwiesen, und so beauftragte die Navy noch vor dem US-Kriegseintritt alle drei Werften, PT-Boote nach ihren jeweiligen Entwürfen in Serien zu bauen, nachdem sie konkurrierende Wettbewerbsversuche mit diesen durchgeführt hatte.

Drei der schließlich gebauten Klassen waren über 100 Einheiten stark, die PT-71-Klasse umfasste 209 Boote, die PT-103-Klasse 326 und die PT-384-Klasse 136 Einheiten. Die wichtigsten Bootsklassen kamen von nur wenigen Werften, Elco baute über 380 Boote (darunter auch fast die gesamte PT-103-Klasse), Higgins Industries lag klar an zweiter Stelle und

baute etwa 200 Boote (die gesamte PT-71-Klasse), Huckins Industries erhielt von den ursprünglichen Anbietern dagegen den weitaus kleinsten Anteil an Kriegsaufträgen (18 Boote der PT-95-Klasse); dazu kam eine Serie von 136 Booten, die auf US-Werften nach britischem Vosper-Entwurf (PT-384-Klasse) gebaut wurden und einige weitere Boote in kleineren Serien von diversen US-Werften; einige wenige wurden zudem in Kanada gebaut. Im Marinejargon sprach man von den jeweiligen Klassen auch schlicht von „Elco-Booten", den „Higgins-Booten" und „Huckins"-Booten und dazu auch den „Vosper"-Booten. In der U.S. Navy bzw. Fachliteratur laufen all diese Schnellboote umgangssprachlich unter der inoffiziellen Über-Bezeichnung „Mosquito Fleet", der häufig zur Beschreibung der amerikanischen Schnellboote verwendet wird.
Während die Torpedo-Schnellboote der europäischen Mächte vor allem in der Nordsee, im Kanal und im Mittelmeerraum kämpften, lag der Schwerpunkt der Flottillen der U.S. Navy in Südostasien und Ozeanien. Die von Elco gebauten Boote wurden fast durchwegs im Pazifik eingesetzt, mit einer kleinen Anzahl im Ärmelkanal und im Mittelmeer. Ungefähr die Hälfte der von Higgins gebauten Boote fuhren im Kanal und im Mittelmeer, die andere Hälfte im Pazifik, viele auch im Bereich der Aleuten, Alaska. Im Rahmen der Pacht- und Leih-Abkommen bauten die USA auch aus den obgenannten Klassen auch Hunderte von Booten für Großbritannien und die Sowjetunion. Ähnlich wie z.B. bei den Minensuchern stellte die U.S. Navy nach Kriegsende rasch die meisten Einheiten außer Dienst, nur einige Boote wurden an Nachkriegs-Verbündete abgegeben. Viele Boote wurden gegen Ende 1945 im Ausland auf Weisung der Navy vernichtet (oft einfach verbrannt), da kein Bedarf dafür mehr gesehen wurde.
Nur wenige Schnellboote wurden in der Nachkriegszeit für die amerikanische Marine gebaut (als „PTF"; das „F" stand für „Fast") oder zum Teil im Ausland erworben, meist erhielten sie keine Torpedobewaffnung mehr. Viele kamen dann im Vietnam-Krieg zum Einsatz, für den auch noch einmal eine sehr große Zahl an kleinen, 25 Knoten laufenden Fluss-Schnellbooten mit Artillerie-Bewaffnung („PCF") gebaut wurden. Ansonsten überließ man den NATO-Verbündeten, und hier besonders Deutschland, Frankreich, Dänemark, Norwegen, Italien, der Türkei und Griechenland, im Sinne einer militärischen Arbeitsteilung, den Bau und Einsatz größerer Zahlen an Torpedo- und Flugkörper-Schnellbooten im Ostsee- und Mittelmeerraum. Auch die nicht in der NATO verankerten Marinen von Schweden und Finnland besaßen und besitzen eine größere Anzahl an Torpedo- bzw. Flugkörper-Schnellbooten. All diesen standen sehr hohen Zahlen an vergleichbaren Einheiten der Sowjetunion und ihrer Verbündeten im Rahmen des Warschauer Paktes gegenüber.
Mit der Entwicklung neuer technischer Möglichkeiten zur Steigerung der Geschwindigkeit versuchte natürlich auch die U.S. Navy Schritt zu halten und baute ab den 1960er Jahren Tragflügelboote für Versuchszwecke. Konventionelle, wasserverdrängende Schnellboote können deutlich über 40, ja bis fast 50 Knoten laufen, mehr sind aber aufgrund grundsätzlicher physikalischer Grenzen nicht zu erreichen. Will man höhere Geschwindigkeiten erreichen, muss wie gesagt der Rumpf aus dem Wasser, wofür es mehrere technologische Ansätze gibt.
Wikipedia definiert ein Tragflügelboot oder Tragflächenboot als ein Hochgeschwindigkeitswasserfahrzeug, das bei steigender Geschwindigkeit mittels des dynamischen Auftriebs unter Wasser liegender Tragflügel (Hydrofoils) während der Fahrt angehoben wird. Dadurch berührt der Rumpf nicht mehr das Wasser und das Fahrzeug „schwebt" über der Wasseroberfläche. Da sich dann nur ein kleiner Teil des Fahrzeugs (Tragflügel und Ruderblatt sowie ggf. Propeller) unterhalb der Wasseroberfläche befindet, werden die Verdrängung und der Reibungswiderstand deutlich reduziert und somit bei gleicher Antriebsleistung eine größere Geschwindigkeit erreicht. Die ernsthafte Entwicklung dieser Technologie begann schon um 1900, als technischer Pionier bzw. Erfinder gilt der italienische Luftschiffkonstrukteur Enrico Forlanini mit der Entwicklung von Flugbooten und daraus abgeleiteten Tragflügelbooten. In den USA beschäftigten sich die Erfinder William E. Meacham und später A. G. Bell schon ab etwa 1906 mit dieser neuen Technologie, Bell konnte dann 1919 ein erstes verwendbares Tragflügelboot präsentieren (Modell Bell HD-4).
Die U.S. Navy begann 1947 mit Versuchen im Rahmen des „Hydrofoil Research Program", anfangs mit Studien und dann einem kleinen Versuchsboot von 5 ts (*Sea Leg*) in den frühen 1950er. Erst in den 1960er Jahren wurden zwei größere, 50 Knoten und mehr laufende Tragflügel-Schnellboote mit Flugkörperbewaffnung als Versuchsboote mit den Klassifikationen „PGH" und „AGEH" gebaut und getestet, dazu eine kleine Sechser-Serie von frontreifen Booten, nun als „PHM" für „Patrol Combatant-Missile (Hydrofoil)". Verwendet wurden sie von den späten 1960er bis in die frühen 1980er Jahren. Sie waren sehr wartungsaufwändig und teuer und verließen die Flotte deshalb bald wieder.
Den Schwerpunkt der U.S. Flotte bildeten im Frieden eben stets die eindrucksvollen und prestigeträchtigen „Dickschiffe", und nicht zahlreiche kleine Kampfeinheiten, wie Schnellboote und U-Boot-Jäger. Was im Buch über die Minensucher gesagt wurde, gilt auch für die zahlreichen Einheiten im Bereich der kleinen Patrouillenfahrzeuge. Es sind traditionell die Waffen der Kleinen. Gegenwärtig unterhält z.B. der Iran sehr große Zahlen an kleinen Schnellbooten, auch zur asymmetrischen Kriegsführung.

4.3.1 Torpedo-Schnellboote (PT, BPT, PTF)

4.3.1.1 Prototypen PT-1 bis PT-9

Diese unterschiedlichen 25-55ts/58-81 Fuß-Prototypen verschiedener US-Werften und Klassen wurden 1939 bis 1940 in Bau gegeben; ein zusätzliches 70 Fuß-Boot war allerdings in Großbritannien bei British Power Boats nach einem Entwurf von Hubert Scott-Paine gebaut worden (später PT-9), es wurde von der US-Firma Electric Boat Company (Elco) angekauft, nach USA importiert und weitgehend nachgebaut. PT-9 wurde zum zentralen Grundmodell der späteren PTs der U.S. Navy. Das Boot wurde nach den Erprobungen im April 1941 an die Royal Navy abgegeben (MTB-258), 1945 an die USA retourniert und 1946 abgebrochen.
Die Erprobungen der Boote ab PT-3 erfolgten bei der neu aufgestellten Motor Torpedo Boat Squadron ONE (MTBRon 1). Sechs der Boote aus diesem Konglomerat von Versuchsfahrzeugen wurden nach Erprobungen bis 1942 durch die U.S. Navy (via Royal Navy) an die Royal Canadian Airforce als schnelle Flugsicherungsboote (High Speed Rescue Launches) abgegeben. Eines wurde kanadisches Hafenschutzboot, die restlichen Einheiten verblieben bei der U.S. Navy und wurden bald umklassifiziert. Die im Rahmen des Lend-Lease-Abkommens abgegebenen Boote wurden bei Kriegsende an die USA zurückgegeben.

PT-1 bis PT-9	
Stapelläufe	1939 und 1940
Wasserverdrängung	25 bis 55 ts
Abmessungen (LxBxT)	17,7 bis 24,7 x 4,9 bis 6,1 x 0,9 bis 1,5 m
Antrieb	Benzinmotoren, 2400 bis 4500 PS, 2 bis 3 Wellen
Geschwindigkeit	30 bis 41 kn
Bewaffnung	0 bis 1x 4 cm, 2 bis 4 MG, 0 bis 4 x 46 bis 53 cm Torpedos, WaBo

PT-3 wurde am 18.4.1940 bei Fisher Boat Works in Detroit, Mi. vom Stapel gelassen und nur zu Versuchszwecken eingesetzt, im Rahmen der Motor Torpedo Boat Squadron 1. Im April 1942 wurde es an die Royal Navy abgegeben und von dort weiter an die Royal Canadian Air Force.

Die Schnellboote mit Nummern PT-1 bis PT-9 waren Prototypen von 25 ts und 55 ts, die auf verschiedenen Werften wurden von 1939 bis 1940 in Bau gegeben wurden. Das Foto zeigt PT-1, das Boot lief am 16.8.1939 bei der Fogal Boat Yard in Miami, Fl. vom Stapel und wurde im November des Jahres fertiggestellt; das Versuchsboot wurde 1941 als Small Boat C-6083 klassifiziert.

Das Torpedoschnellboot PT-3 blieb ein Versuchsboot in der U.S. Navy, hier am Eriesee ca. 1940/41.

Das Versuchsboot PT-6 (2) war eines von zwei Booten mit dieser Kennung, gebaut 1940 bei Higgins Industries in New Orleans, La., hier aufgenommen bei Hochgeschwindigkeits-Tests 1941. Es wurde ebenfalls an die Royal Navy und von dort an die Royal Canadian Air Force transferiert.

PT-8, ein Versuchsboot aus Aluminium (wie davor PT-7), das 1939 bei der Philadelphia NY geordert wurde. Hier bei Geschwindigkeitsfahrten etwa 1940/41. Es wurde im Oktober 1941 auf YP-110 (District Patrol Craft) umklassifiziert.

Bauwerften (5):
Fogal Boat Yard, Miami, Fl.: PT-1, 2
Fisher Boat Works, Detroit, Mi.: PT-3, 4
Higgins Industries, New Orleans, La.: 5, 6(1), 6(2)
Philadelphia NY, Philadelphia, Pa.: PT-7, 8
British Power Boat Co., Ltd., Hythe, Großbritannien: PT-9

PT-1; umklassifiziert als C-6083 (Small Boat)
PT-2; umklassifiziert als C-6084 (Small Boat)

PT-3; an Großbritannien (MTB 273); RCAF
PT-4; an Großbritannien (MTB 274); RCAF

PT-5; an Großbritannien (MTB 269); RCAF
PT-6 (1); an Großbritannien (MGB-48)
PT-6 (2); an Großbritannien (MTB 270); RCAF

PT-7; an Großbritannien (MTB 271); RCAF
PT-8; umklassifiziert als YP-110

PT-9; an Großbritannien (MTB 258)

Eine weitere Aufnahme von PT-8 bei Geschwindigkeitsfahrten 1940/41. Das Versuchsboot wurde bereits 1943 zum Abbruch freigegeben, der Rumpf überlebte aber irgendwie auf der Philadelphia Navy Yard und war laut Navsource.com im Juni 2008 auf eBay im Verkaufsangebot; das weitere Schicksal ist unbekannt.

Das Schnellboot PT-9 wurde bei British Power Boat in England gebaut, am 24.7.1940 von der U.S. Navy (via Elco) im Rahmen des „Experimental Small Craft Program" angekauft und bei der Motor Torpedo Boat Squadron 1 intensiv zu Versuchszwecken verwendet. Im April 1941 wurde es an die Royal Navy und nachfolgend die kanadische Luftwaffe abgetreten. Die Aufnahme entstand in New York Ende 1940.

PT-9 in Washington, D.C. am 19.6.1940. Es wurde zum wichtigsten Prototyp für das gesamte PT-Programm der U.S. Navy.

4.3.1.2 PT-10 -Klasse

Diese 40ts/70 Fuß-Torpedo-Schnellboote PT-10 bis PT-19 wurden 1940 bis 1941 bei der Electric Boat Company als Ergebnis der Erprobungen des in Großbritannien angekauften Bootes PT-9 in Bau gegeben. Sie wurden nach umfangreichen Tests durch die U.S. Navy (von April bis Juli 1941 in der MTBRon2) an die Royal Navy abgegeben, wo sie als MTB-259 bis MTB-268 (Motor Torpedo Boats) in Dienst stellten. Nach Fertigstellung dieser Boote ergaben Testversuche der Navy, dass sie etwas zu leicht gebaut waren, ihre Seetüchtigkeit war daher auch nur mäßig.
Die nun englischen Boote ex- PT-10, 12, 13, 15, 17 und 18 gingen 1943 bis 1945 in Nordafrika verloren, die übrigen wurden nach dem Krieg zurückgegeben und nicht wieder in Dienst gestellt.

Schiffserkennung: Bereits typische US-Schnellboote mit sehr breiter Back und sich nach achtern deutlich verjüngendem Rumpf, Glattdecker (Flushdecker) mit geschwungenem Deckssprung, kleiner kompakter stromlinienförmiger Brücke mit Hauptmast und zwei Flak-Stellungen an der Hinterkante, abfallendem Aufbau dahinter. Daneben beidseits zwei Torpedorohre.

PT-10 bis PT-19	
Stapelläufe	1940 und 1941
Wasserverdrängung	40 ts
Abmessungen (LxBxT)	21,4 x 6,1 x 1,4 m
Antrieb	Benzinmotoren, 10800 PS, 3 Wellen
Geschwindigkeit	41 kn
Bewaffnung	4 MG, 4 x 46 cm Torpedos

Bauwerft (1):
Electric Boat Company, Elco Works, Bayonne, N.J.

PT-10; 1942 an Großbritannien (MTB 259); Kriegsverlust 1942
PT-11; 1942 an Großbritannien (MTB 260)
PT-12; 1942 an Großbritannien (MTB 261); Kriegsverlust 1945
PT-13; 1942 an Großbritannien (MTB 262); Kriegsverlust 1943
PT-14; 1942 an Großbritannien (MTB 263)
PT-15; 1942 an Großbritannien (MTB 264); Kriegsverlust 1943
PT-16; 1942 an Großbritannien (MTB 265)
PT-17; 1942 an Großbritannien (MTB 266); Kriegsverlust 1944
PT-18; 1942 an Großbritannien (MTB 267); Kriegsverlust 1943
PT-19; 1942 an Großbritannien (MTB 268)

Die Torpedoschnellboote PT-10 bis PT-19 wurden 1940 bis 1941 bei der Electric Boat Company in Bau gegeben und nach Tests an die Royal Navy abgegeben. Hier PT-12 bei Erprobungsfahrten vor New York Ende 1940.

Das Bild zeigt das Schnellboot PT-14, kurz vor der Übergabe an England im Jahr 1941.

4.3.1.3 PT-20 -Klasse

Die 49 der 40ts/77 Fuß-Torpedo-Schnellboote PT-20 bis PT-68 wurden 1940 bei der Electric Boat Company in Bau gegeben. Insgesamt 24 von ihnen waren ursprünglich als U-Boot-Jäger vom Schnellboot-Typ vorgesehen (PTC; siehe dort), wurden aber bereits als PT fertiggestellt. Zehn Boote (PT-59 bis PT-68) wurden nach Fertigstellung als (BPT-1 bis BPT-10) an die Royal Navy abgegeben, die sie als MTB-307 bis MTB-316 in Dienst stellte. MTB-307 und MTB-315 gingen nach dem Krieg als Torpedofangboote an Italien, MTB-314 wurde nach Strandung 1942 in Tobruk zum deutschen Minenräumboot RA-10 (das „A“ stand für „Ausland“) und wurde 1943 versenkt. Weitere fünf Boote gingen ebenfalls in Nordafrika verloren. Die ursprünglich geplante Übergabe von weiteren zehn Booten (BPT-11 bis BPT-20) an Großbritannien erfolgte nicht. 14 Einheiten gingen im Krieg in Südostasien verloren. Einige Boote gehörten zu MTBRon3, das als einziges Schnellbootgeschwader bei der Verteidigung der Philippinen 1942 eingesetzt wurde. Am 11.3.1942 setzten General Douglas MacArthur und Vize-Admiral Rockwell auf PT-41 bzw. PT-43 von Bataan nach Mindanao über, von wo aus sie ausgeflogen wurden. Die Boote wurden später von der US Army zerstört, um sie nicht den Japanern in die Hände fallen zu lassen.

PT-20 bis PT-68	
Stapelläufe	1940 und 1941
Wasserverdrängung	40 ts
Abmessungen (LxBxT)	21,4 x 6,1 x 1,4 m
Antrieb	Benzinmotoren, 4500 PS, 3 Wellen
Geschwindigkeit	41 kn
Bewaffnung	4 MG, 4 x 53 cm Torpedos

Schiffserkennung: Ähneln stark der PT-10 – Klasse, aber 2 Meter kürzer.

Insgesamt 49 Torpedoschnellboote der PT-20-Klasse wurden von der Electric Boat Company gebaut. Das Foto zeigt PT-28 und PT-29 am 30.4.1942, den in Pearl Harbor einlaufenden Flugzeugträger CV-8 „Hornet“ begleitend (bei der Rückkehr vom sogenannten „Doolittle Raid“ gegen Tokio).

Bauwerft (1):
Electric Boat Company, Elco Works, Bayonne, N.J.

PT-20
PT-21
PT-22; 6/1943 Strandung durch Sturm vor Alaska
PT-23; umklassifiziert als C-55047 (Small Craft)
PT-24
PT-25; umklassifiziert als C-55048 (Small Craft)
PT-26; umklassifiziert als C-55049 (Small Craft)
PT-27
PT-28; 1/1943 Strandung durch Sturm vor Alaska
PT-29
PT-30
PT-31; 1942 nach Strandung selbstversenkt (Philippinen)
PT-32; 3/1942 selbstversenkt nach Übernahme des Stabs von Gen. MacArthur durch SS-178
PT-33 ex-PTC-13;12/1941 nach Strandung selbstversenkt (Philippinen)
PT-34 ex-PTC-14; 4/1942 versenkt von jap. Flugzeugen (Philippinen)
PT-35 ex-PTC-15; 4/1942 selbstversenkt (Philippinen)
PT-36 ex-PTC-16; umklassifiziert als C-73944 (Small Craft)
PT-37 ex-PTC-17; 2/1943 versenkt vor Guadalcanal von jap. Zerstörer Kawakaze
PT-38 ex-PTC-18; umklassifiziert als C-68730 (Small Craft)
PT-39 ex-PTC-19
PT-40 ex-PTC-20; umklassifiziert als C-73995 (Small Craft)
PT-41 ex-PTC-21; 4/1942 nach Transfer von Gen. MacArthur selbstversenkt (Philippinen)
PT-42 ex-PTC-22
PT-43 ex-PTC-23; 1/943 selbstversenkt nach Treffern von Zerst. Tokitsukaze (Salomonen)
PT-44 ex-PTC-24; 12/1942 versenkt vor Guadalcanal von Zerstörern Kawakaze u. Suzukaze
PT-45
PT-46; umklassifiziert als C-74095 (Small Craft)
PT-47; umklassifiziert als C-102583 (Small Craft)
PT-48
PT-49; umklassifiziert als BPT-1 (B für British; in Großbritannien MTB 307)
PT-50; umklassifiziert als BPT-2 (B für British; in Großbritannien MTB 308); Kriegsverlust 1942
PT-51; umklassifiziert als BPT-3 (B für British; in Großbritannien MTB 309); Kriegsverlust 1945
PT-52; umklassifiziert als BPT-4 (B für British; in Großbritannien MTB 310); Kriegsverlust 1942
PT-53; umklassifiziert als BPT-5 (B für British; in Großbritannien MTB 311); Kriegsverlust 1943
PT-54; umklassifiziert als BPT-6 (B für British; in Großbritannien MTB 312); Kriegsverlust 1943
PT-55; umklassifiziert als BPT-7 (B für British; in Großbritannien MTB 313)
PT-56; umklassifiziert als BPT-8 (B für British; in Großbritannien MTB 314;) Kriegsverlust 1942
PT-57 ex-PTC-25; ex BPT-9 (B für British; in Großbritannien MTB 315)
PT-58 ex-PTC-26; ex BPT-10 (B für British; in Großbritannien MTB 316); Kriegsverlust 1943
PT-59 ex-PTC-27; ex BTB 11 (B für British, aber nicht transferiert)
PT-60 ex-PTC-28; ex BPT-12 (B für British; aber nicht transferiert)
PT-61 ex-PTC-29; ex BPT-13 (B für British; aber nicht transferiert)
PT-62 ex-PTC-30; ex BPT-14 (B für British; aber nicht transferiert)
PT-63 ex-PTC-31; BPT-15 (B für British; aber nicht transferiert); 8/1944 ausgebrannt
PT-64 ex-PTC-32; BPT-16 (B für British; aber nicht transferiert)
PT-65 ex-PTC-33; BPT-17 (B für British; aber nicht transferiert)
PT-66 ex-PTC-34; BPT-18 (B für British; aber nicht transferiert)
PT-67 ex-PTC-35; BPT-19 (B für British; aber nicht transferiert); 3/1943 ausgebrannt
PT-68 ex-PTC-36; BPT-20 (B für British; aber nicht transferiert); 1/1943 gestrandet

Schnellboot PT-20 (der gleichnamigen Klasse) in einer farbigen Postkarte der U.S. Navy.

PT-30 im Juni 1942 bei der Insel Midway, ausgerüstet mit vier Torpedorohren.

PT-42 in Pearl Harbor im April 1944, bei der Betriebsstoffübernahme (mit YO-44 im Hintergrund). Man beachte die Wasserbomben am Heck.

PT-66 der PT-20-Klasse in der Morobe-Schnellbootbasis in Neu Guinea im Sommer 1943, mit Tarnanstrich. Im Navy-Jargon hatten die PT-Boote den Kosenamen „Mosquito Fleet“.

4.3.1.4 PT-69 und PT-70 -Klasse

Die drei 1940 und 1941 gebauten 40 ts/70 bis 72 Fuß-Experimental-Torpedo-Schnellboote (PT) wurden von zwei im Bootsbau tätigen US-Unternehmen auf eigene Kosten entwickelt, eine grundsätzliche Orientierung am britischen MTB-Design ist aber klar erkennbar. Es handelt sich um Prototypen der späteren Serienboote von Huckins Yacht (PT-69) bzw. Higgins Industries (PT-70 und PT-564). Higgins erhöhte die Bootslänge seines Entwurfs für die Serienboote auf 78 Fuß und auch Huckins fügte seinem Entwurf sechs Fuß hinzu und kam schließlich auf eine ähnliche Gesamtlänge. Vom den „Higgins-Booten“ wurden im Krieg schließlich 200 gebaut, etwa zehn Mal mehr als von den sogenannten „Huckins-Booten“.

PT-69, PT-70, PT-564	
Stapelläufe	1941 und 1942
Wasserverdrängung	40 ts
Abmessungen (LxBxT)	21,4 bis 22 x 5 bis 6,1 x 1,4 m
Antrieb	Benzinmotoren, 2520 bis 4800 PS, 2 bis 3 Wellen
Geschwindigkeit	44 bis 46 kn
Bewaffnung	0 bis 1 2 cm, 4 MG, 4 x 46 bis 53 cm Torpedos

Schiffserkennung: PT-69: Glattdecker (Flushdecker) mit geringem Deckssprung, kleiner flacher Brücke mit kleinem Mast, dahinter beidseits je zwei Torpedorohre. PT-70 und PT-564: Glattdecker (Flushdecker) mit geringem Deckssprung, kleiner kompakter trapezoider Brücke mit kleinem Mast und zwei MG-Wannen am hinteren Ende, daneben und achtern beidseits jeweils zwei Torpedorohre. Bei PT-564 war die Brücke etwas flacher, und zusätzlich mit Geschütz am Heck.

Die drei 1940 und 1941 gebauten Torpedoschnellboote PT-69, PT-70 und PT-564 waren Prototypen für Serienboote der Huckins Yacht Corp. bzw. Higgins Industries. Das Foto zeigt PT-69 bei Geschwindigkeitsfahrten 1941.

Eine Draufsicht auf das Versuchsboot PT-70 im Jahr 1941, aufgenommen vor New Orleans.

__Bauwerften (2):__
Huckins Yacht Corp., Jacksonville, Fl.: PT-69
Higgins Industries, Inc., New Orleans, La.: PT-70, 564

PT-69; umklassifiziert als YP-106
PT-70; umklassifiziert als YP-107
PT-564; 1948 an Israel (MTB-200)

4.3.1.5 PT-71 -Klasse

Nach kleineren, sonst sehr ähnlichen Vorserien-Versuchsbooten (PT-70 und PT-564) der Firma Higgins wurden bei dieser 209 Einheiten von diesen 56ts/78 Fuß-Torpedo-Schnellbooten von 1941 bis 1945 in Bau gegeben (Kennungen ab PT-71, mit Unterbrechungen bis PT-796: PT-71-94, 197-254, 265-313, 450-485, 625-660, 791-796, storniert: 797-808). 24 Boote wurden an die Royal Navy abgegeben und dort als MTB (Motor Torpedo Boats) oder MGB (Motor Gun Boats) verwendet. Acht von ihnen sollten ursprünglich Anfang 1943 eigentlich an die Sowjetunion gehen, kamen aber nur bis Großbritannien und wurden wegen der Einstellung Geleitzüge im Nordmeer 1943 kriegsbedingt von der Royal Navy übernommen. Acht der 24 britischen Boote wurden 1944 an Jugoslawien übergeben. Nach Rückgabe der restlichen Boote an die USA nach Kriegsende wurden einige davon an Italien (PT-88, PT-90, PT-92, PT-94, PT-206, PT-210, PT-215) eines an die Philippinen (PT-198) und eines an die Türkei (PT-216) abgegeben. Die Sowjetunion erhielt 1942 bis 1945, direkt nach Fertigstellung, 52 Boote geliefert. 12 Einheiten davon waren bereits 1942 mit R-Kennungen für Russland (als Teil der Navy-Klassifikation: RTP-1 bis 12) gebaut worden, zwei davon wurden an Bord eines britischen Dampfers (SS *Wade Hampton*) an der Polarmeer-Front versenkt und nur zwei Einheiten davon (sowjetisch TK-201 und TK-202) erreichten tatsächlich Murmansk (die restlichen acht wurden, wie schon erwähnt, dann von Großbritannien übernommen).

PT-71 -Klasse (209 Einheiten)	
Stapelläufe	1942 bis 1945
Wasserverdrängung	56 ts
Abmessungen (LxBxT)	23,8 x 6,3 x 1,6 m
Antrieb	Benzinmotoren, 4500 PS, 3 Wellen
Geschwindigkeit	40 kn
Bewaffnung	1 x 4; 0 bis 1 x 3,7; 0 bis 2 x 2cm; 4 MG, 4 x 53 cm Torpedos, WaBo

Nachkriegsbauten: Neun 1946 bis 1948 gebaute Einheiten gingen an Argentinien (LT-1 bis LT-9). Diese hatten wohl keine „PT"-Nummern der U.S. Navy erhalten.
16 Einheiten waren Kriegsverluste, zumeist in Südostasien oder im Mittelmeer. Auch von dieser Klasse wurden zahlrei-

Basierend auf den Vorserien-Versuchsbooten (PT-70 und PT-564) der Firma Higgins Industries wurden 209 dieser Torpedoschnellboote von 1941 bis 1945 in Bau gegeben. Hier Boote der Serie PT-71 bis PT-94 in Produktion bei Higgins in New Orleans 1942. Konkret sind laut Navy-Originalbeschriftung im Zentrum der Aufnahme die Boote PT- 80 bis PT-82 in Heckansichten abgebildet.

PT-796 in einer „Fake"-Aufnahme als PT-109, auf dem John F. Kennedy im Zweiten Weltkrieg gedient hatte, bei der Parade zu seiner Inauguration als 35. US-Präsident in Washington, D.C. am 20.1.1961. Da das einst von ihm kommandierte Kriegsboot ja zu diesem Zeitpunkt nicht mehr existierte (es wurde 1943 bei den Salomonen vom japanischen Zerstörer „Amagiri" versenkt), wurde PT-796 zu diesem Anlass einfach mit Kennung PT-109 bemalt und ist heute im Battleship Cove Naval Museum in Fall River, Ma. ausgestellt. (PT-109 gehörte übrigens auch nicht zur PT-71-, sondern zur PT-103-Klasse).

PT-82 unterwegs im Jahr 1942 (PT-71-Klasse).

che Boote um Ende 1945 in Übersee zerstört, da von der U.S. Navy ein Heimtransport nicht mehr als lohnenswert angesehen wurde.

Schiffserkennung: Verglichen mit den Elco-Booten weniger breite Back und sich nach achtern gering verjüngendem Rumpf, Glattdecker (Flushdecker) mit geschwungenem Deckssprung, kleiner kompakter trapezoider Brücke mit Hauptmast und zwei Flak-Stellungen seitlich an der Hinterkante, kein Aufbau dahinter, aber beidseits je zwei Torpedorohre, Geschütz ganz achtern.

PT-199 der PT-71-Klasse passiert am 14.6.1944 in schneller Fahrt alliierte Schiffe, mit Admiral Harold Stark an Bord, Commander U.S. Naval Forces Europe, im Rahmen einer Inspektionstour der Invasionsfront in der Normandie.

__Bauwerft (1):__
Higgins Industries, Inc., New Orleans, La.

PT-71
PT-72
PT-73; 1/1945 selbstversenkt (Philippinen)
PT-74
PT-75
PT-76
PT-77; 2/1945 versehentlich versenkt von DD-371 und DE-586 vor Luzon
PT-78
PT-79; 2/1945 versehentlich versenkt von DD-371 und DE-586 vor Luzon
PT-80
PT-81
PT-82
PT-83
PT-84
PT-85; umklassifiziert als RPT-1 (R für Russia); bei Transfer 3/1943 versenkt (von U 405)
PT-86; umklassifiziert als RPT-2 (R für Russia); 1943 an UdSSR
PT-87; umklassifiziert als RPT-3 (R für Russia); bei Transfer 3/1943 versenkt (von U 405)
PT-88; umklassifiziert als RPT-4 (R für Russia); kriegsbedingt an Großbritannien (MTB 419)
PT-89; umklassifiziert als RPT-5 (R für Russia); 1943 an UdSSR (TK-202)
PT-90; umklassifiziert als RPT-6; (R für Russia); kriegsbedingt an Großbritannien (MTB 420)
PT-91; umklassifiziert als RPT-7; (R für Russia); kriegsbedingt an Großbritannien (MTB 421)
PT-92; umklassifiziert als RPT-8; (R für Russia); kriegsbedingt an Großbritannien (MTB 422)
PT-93; umklassifiziert als RPT-9; (R für Russia); kriegsbedingt an Großbritannien (MTB 423)
PT-94; umklassifiziert als RPT-10; (R für Russia); kriegsbedingt an Großbritannien (MTB 424)
PT-197; umklassifiziert als RPT-11 (R für Russia); kriegsbedingt an Großbritannien (CT 16)
PT-198; umklassifiziert als RPT-12 (R für Russia); kriegsbedingt an Großbritannien (CT 17)
PT-199
PT-200; 2/1944 in Kollision vor Rohde Island gesunken
PT-201; an Großbritannien (MGB 181), dann Jugoslawien
PT-202; 8/1944 gesunken nach Minentreffer (Südfrankreich)

PT-216 am 2.2.1944 vor Anzio, mit Generalleutnant Mark Clark an Bord, der zum Vormarschkommandoposten am Anzio-Brückenkopf, der zu einem vorgeschobenen Kommandostand an Land gebracht wird.

PT-463 in einer undatierten Kriegsaufnahme (PT-71-Klasse).

PT-564, ebenfalls PT-71-Klasse, unterwegs mit hoher Fahrt.

PT-644: Bugansicht eines Higgins-PT der Sub-Klasse PT-625 (entspricht PT-71 Klasse).

PT-644: Heckansicht eines Higgins-PT der Sub-Klasse PT-625 (entspricht PT-71 Klasse).

PT-203; an Großbritannien (MGB 189)
PT-204 an Großbritannien (MGB 182), 1944an Jugoslawien
PT-205; an Großbritannien (MGB 190)
PT-206, an Großbritannien (MGB 177)
PT-207; an Großbritannien (MGB 183), 1944 an Jugoslawien
PT-208; an Großbritannien (MGB 184), 1944 an Jugoslawien
PT-209; an Großbritannien (MGB 185), 1944 an Jugoslawien
PT-210; an Großbritannien (MGB 191)
PT-211; an Großbritannien (MGB 186), 1944 an Jugoslawien
PT-212; an Großbritannien (MGB 192)
PT-213; an Großbritannien (MGB 187); 1944 an Jugoslawien
PT-214; an Großbritannien (MGB 178)
PT-215; an Großbritannien (MGB 179)
PT-216; an Großbritannien (MGB 180); 1947 Türkei
PT-217; an Großbritannien (MGB 188); 1944 an Jugoslawien
PT-218; 8/1944 nach Minentreffer in Südfrankreich gesunken
PT-219; 9/1943 gestrandet bei Sturm vor Alaska
PT-220
PT-221
PT-222
PT-223
PT-224
PT-225
PT-226
PT-227
PT-228
PT-229
PT-230

Ein Higgins-PT der Serie PT-791 bis 796 mit Tarnbemalung (PT-71-Klasse).

PT-231
PT-232
PT-233
PT-234
PT-235
PT-236
PT-237
PT-238
PT-239; 12/1943 ausgebrannt (Salomonen)
PT-240
PT-241
PT-242
PT-243
PT-244
PT-245
PT-246
PT-247; 5/1944 bei Salomonen durch jap. Küstenartillerie zerstört
PT-248
PT-249
PT-250
PT-251; 2/1944 bei Salomonen durch jap. Küstenartillerie zerstört
PT-252
PT-253
PT-254
PT-265; 1943 an UdSSR
PT-266; 1943 an UdSSR
PT-267; 1943 an UdSSR
PT-268; 1943 an UdSSR
PT-269; 1943 an UdSSR
PT-270; 1943 an UdSSR

Weitere Aufnahme eines tarnbemalten Higgins-Bootes der Serie PT-791 bis 796 (PT-71-Klasse).

PT-271; 1943 an UdSSR
PT-272; 1943 an UdSSR
PT-273; 1943 an UdSSR
PT-274; 1943 an UdSSR
PT-275; 1943 an UdSSR
PT-276; 1943 an UdSSR
PT-277
PT-278
PT-279; 2/1944 gesunken in Kollision mit PT-282 (Salomonen)
PT-280
PT-281
PT-282
PT-283, 3/1944 bei Salomonen versehentlich von DD-472 versenkt
PT-284
PT-285
PT-286
PT-287
PT-288
PT-289; 1943 an UdSSR
PT-290; 1943 an UdSSR
PT-291; 1943 an UdSSR
PT-292; 1943 an UdSSR
PT-293; 1943 an UdSSR
PT-294; 1943 an UdSSR
PT-295
PT-296
PT-297
PT-298
PT-299
PT-300; 12/1944 durch Kamikaze vor Mindoro versenkt
PT-301; 12/1944 durch Explosion zerstört (Neu Guinea)
PT-302
PT-303
PT-304
PT-305
PT-306
PT-307
PT-308
PT-309
PT-310
PT-311; 11/1944 bei La Spezia durch Minentreffer gesunken
PT-312
PT-313
PT-450
PT-451
PT-452
PT-453

PT-454
PT-455
PT-456
PT-457
PT-458
PT-459
PT-460
PT-461
PT-462
PT-463
PT-464
PT-465
PT-466
PT-467
PT-468
PT-469
PT-470
PT-471
PT-472
PT-473
PT-474
PT-475
PT-476
PT-477
PT-478
PT-479
PT-480
PT-481
PT-482
PT-483
PT-484
PT-485
PT-625; an UdSSR 1945
PT-626; an UdSSR 1945
PT-627; an UdSSR 1945
PT-628; an UdSSR 1945
PT-629; an UdSSR 1945
PT-630; an UdSSR 1945
PT-631; an UdSSR 1945
PT-632; an UdSSR 1945
PT-633; an UdSSR 1945
PT-634; an UdSSR 1945
PT-635; an UdSSR 1945
PT-636; an UdSSR 1945
PT-637; an UdSSR 1945
PT-638; an UdSSR 1945
PT-639; an UdSSR 1945
PT-640; an UdSSR 1945
PT-641; an UdSSR 1945
PT-642; an UdSSR 1945
PT-643; an UdSSR 1945
PT-644; an UdSSR 1945
PT-645; an UdSSR 1945
PT-646; an UdSSR 1945
PT-647; an UdSSR 1945
PT-648; an UdSSR 1945
PT-649; an UdSSR 1945
PT-650; an UdSSR 1945
PT-651; an UdSSR 1945
PT-652; an UdSSR 1945
PT-653; an UdSSR 1945
PT-654; an UdSSR 1945
PT-655; an UdSSR 1945
PT-656; an UdSSR 1945
PT-657
PT-658; umklassifiziert als C105343
PT-659; umklassifiziert als C105344
PT-660; umklassifiziert als C105345
PT-791
PT-792
PT-793
PT-794
PT-795
PT-796; (Battleship Cove Naval Museum, Fall River, Ma.)
PT-797 bis PT-801: Bau storniert September 1945
PT-802 bis PT-808: Bau storniert August 1945

PT-796 von Higgins Industries heute: Das Boot spielte bei der Inauguration von John F. Kennedy 1961 die Rolle seines ex-Bootes PT-109 und kam danach ins Battleship Cove Museum in Fall River, Massachusetts (Foto Marcbela 2004).

4.3.1.6 PT-95 -Klasse

Nach einem kleineren, sonst recht ähnlichen Vorserien-Versuchsboot (PT-69) der Firma Huckins wurden bei dieser 18 Einheiten an 48ts/78 Fuß-Torpedo-Schnellboote von 1941 bis 1943 in Bau gegeben. PT-95 bis PT-264 (PT-95-102, 255-264).

Schiffserkennung: Verglichen mit den Elco-Booten weniger breite Back und sich nach achtern hin geringer verjüngender Rumpf, Glattdecker (Flushdecker) mit geringem Deckssprung, kleiner kompakter rechteckiger Brücke mit Hauptmast und zwei Flak-Stellungen an der Hinterkante, gerader Aufbau dahinter, beidseits je ein Torpedorohr, dahinter Wasserbombenwerfer, Geschütz achtern. Die zweite Serie ab PT-255 hatte einen stärkeren Mast mit Radarkuppel, vier Torpedorohre und ein Geschütz auf der Back. Keine Abgaben an fremde Marinen. Keine Kriegsverluste, viele Boote im Herbst 1945 zerstört.

PT-95 bis PT-102, PT-255 bis PT-264	
Stapelläufe	1942 und 1943
Wasserverdrängung	48 ts
Abmessungen (LxBxT)	23,8 x 5,9 x 1,5 m
Antrieb	Benzinmotoren, 4500 PS, 3 Wellen
Geschwindigkeit	41 kn
Bewaffnung	1 x 2 cm, 2 MG, 4 x 53 cm Torpedos, WaBo

PT-95, Typschiff der gleichnamigen Klasse, eine Serie von 18 Torpedoschnellbooten der Firma Huckins (PT-96-102, 255-264), in hoher Fahrt vor Florida im Juli 1942.

<u>Bauwerft (1):</u>
Huckins Yacht Corp., Jacksonville, Fl

PT-95
PT-96
PT-97
PT-98
PT-99
PT-100
PT-101
PT-102
PT-255
PT-256
PT-257
PT-258
PT-259
PT-260
PT-261
PT-262
PT-263
PT-264

PT-96 der PT-95-Klasse, eine Backbord-Seitenansicht aus 1942.

PT-95 scharf von vorne im Juli 1942, auf den Betrachter zurasend ebenfalls eine Lieblingsansicht von Schnellboot-Fotografen.

4.3.1.7 PT-103 -Klasse

Mit 326 fast sämtlich bei Elco (von 1941 bis 1942) in Bau gegebenen 56ts/80 Fuß-Torpedo-Schnellbooten mit Nummern zwischen PT-103 und PT-760 wurde diese Klasse sozusagen das Standardmuster dieses Typs für die U.S. Navy im Zweiten Weltkrieg (sie umfasste konkret PT-103-196, PT-314-367, PT-372-383, PT-486-563, PT-565-622, PT-731-760 und storniert 761-790). Nur sechs der Boote wurden bei der Werft Harbor Boat Building in Kalifornien gebaut (PT-362-367).

Die Sowjetunion erhielt 1943 bis 1945, zum Teil direkt nach Fertigstellung, 59 Boote der Klasse geliefert, sie fuhren dort mit der Buchstabenkennung TK.

38 Einheiten waren Kriegsverluste, zumeist in Südostasien oder im Mittelmeer, darunter PT-109, das unter dem Kommando von John F. Kennedy am 2.8.1943 bei den Salomonen-Inseln von einem japanischen Zerstörer gerammt und versenkt wurde. Zehn Boote gingen 1951 an Norwegen. Nur vier Boote der letzten Serie für die Navy wurden nach Ende des Krieges noch länger in Dienst gehalten und dann 1952 an Südkorea abgegeben.

Schiffserkennung: Ähneln der PT-10-Klasse, aber einen Meter länger und deutlich stärker mit Rohrwaffen versehen. Sehr breite Back mit Geschütz und sich nach achtern deutlich verjüngendem Rumpf, Glattdecker (Flushdecker) mit geschwungenem Deckssprung, kleiner kompakter leicht trapezoider Brücke mit Hauptmast und Flak-Stellungen steuerbords an der Hinterkante, flachem Aufbau dahinter, an dessen Ende backbords eine weitere Flak-Stellung, daneben beidseits zwei Torpedorohre, am Heck ein weiteres Geschütz. Bei späteren Booten Torpedos in Racks und nicht mehr in Rohren. Der ursprüngliche Pfahlmast wurde ab 1944 durch Gittermast mit Radar-Dom oder offenem Radar ersetzt.

PT-103 -Klasse (326 Einheiten)	
Stapelläufe	1942 bis 1945
Wasserverdrängung	56 ts
Abmessungen (LxBxT)	24,4 x 6,3 x 156 m
Antrieb	Benzinmotoren, 10800 PS, 3 Wellen
Geschwindigkeit	41 kn
Bewaffnung	1 x 4; 0 bis 1 x 3,7; 1 x 2 cm; 4 MG, 4 x 53 cm Torpedo(s)rohre, WaBo

PT 103, Typschiff der gleichnamigen Klasse, von der 326 von 1941 bis 1942 in Bau gegebenen wurden, großteils bei der Electric Boat Company. Die Klasse gilt als Standardmuster amerikanischer Schnellboote im Zweiten Weltkrieg. Die Aufnahme vom Juni 1942 stammt von Probefahrten, PT-103 ist hier mit nur zwei Torpedorohren ausgerüstet, dafür führt es zusätzliche Wasserbomben an Bord.

Im Vordergrund PT-105 der PT-103-Klasse am 12.7.1942 an der Ostküste, bei Probefahrten.

Bauwerften (2):
Electric Boat Co., Elco Works, Bayonne, N.J. und Groton, Ct.: PT-103-196, 314-361, 372-383, 486-563, 565-622, PT-731-760, (761-790)
Harbor Boat Building Terminal Island Ca.: PT-362-367

PT-103
PT-104
PT-105
PT-106
PT-107; 6/1944 ausgebrannt (Neu Guinea)
PT-108
PT-109; 8/43 versenkt von jap. Zerstörer Amagiri bei Salomonen (Kommando JFK)
PT-110; 1/1944 nach Kollision mit PT-114 bei Neu Guinea gesunken (WaBo-Explosion)
PT-111; 2/1943 durch jap. Zerstörer Kawakaze bei Salomonen versenkt
PT-112; 1/1943 durch jap. Zerstörer Hatsukaze u. Tokitsukaze bei Salomonen versenkt
PT-113; 8/1943 Strandung (Neu Guinea)
PT-114; 1/1944 nach Kollision mit PT-110 bei Neu Guinea gesunken (WaBo-Explosion)
PT-115
PT-116
PT-117; 8/1943 durch jap. Flugzeuge zerstört (Salomonen)
PT-118; 9/1943 Strandung (Salomonen)
PT-119; 3/1943 ausgebrannt (Neu Guinea)
PT-120
PT-121; 3/1944 irrtümlich durch australische Flugzeuge zerstört (Neu Guinea)
PT-122
PT-123; 1/1943 durch jap. Flugzeuge zerstört (Salomonen)
PT-124
PT-125
PT-126
PT-127
PT-128
PT-129
PT-130
PT-131
PT-132
PT-133; 7/1944 durch japanische Küstenartillerie zerstört (Neu Guinea)
PT-134
PT-135; 12/1944 Strandung (Neu Guinea)
PT-136; 8/1943 Strandung (Neu Guinea)
PT-137
PT-138
PT-139
PT-140
PT-141
PT-142
PT-143
PT-144
PT-145; 1/1944 Strandung (Neu Guinea)
PT-146
PT-147; 11/1943 Strandung (Neu Guinea)
PT-148
PT-149
PT-150
PT-151
PT-152
PT-153; 7/1943 Strandung (Salomonen)

Eine weitere Aufnahme von PT-105 am 12.7.1942 bei Probefahrten.

PT-108 (links) and USS PT-107 (rechts) als Decksladung an Bord des Liberty-Schiffs „Joseph Stanton", bereit zum Abtransport zum pazifischen Kriegsschauplatz. Das Foto stammt von der Norfolk NY in Portsmouth, Va. vom 20.8.1942.

PT-154
PT-155
PT-156
PT-157
PT-158; 7/1943 Strandung (Salomonen)
PT-159
PT-160
PT-161
PT-162
PT-163
PT-164; 8/1943 durch jap. Flugzeuge versenkt (Salomonen)
PT-165; 5/1943 an Bord Stanvac Manila durch jap. U-Boot I-17 bei Noumea versenkt
PT-166; 7/1943 irrtümlich durch US-Flugzeuge versenkt (Salomonen)
PT-167
PT-168
PT-169
PT-170
PT-171
PT-172; 9/1943 Strandung (Salomonen)
PT-173; 5/1943 an Bord Stanvac Manila durch jap. U-Boot I-17 bei Noumea versenkt
PT-174
PT-175
PT-176
PT-177
PT-178
PT-179
PT-180
PT-181
PT-182
PT-183
PT-184
PT-185
PT-186
PT-187
PT-188
PT-189
PT-190
PT-191
PT-192
PT-193; 6/1944 Strandung (Neu Guinea)
PT-194
PT-195
PT-196
PT-314
PT-315
PT-316
PT-317
PT-318
PT-319
PT-320; 11/1944 durch jap. Flugzeuge zerstört (Philippinen)
PT-321; 11/1944 Strandung (Philippinen)
PT-322; 11/1944 Strandung (Philippinen)
PT-323; 10/1944 durch Kamikaze versenkt (Philippinen)
PT-324
PT-325
PT-326
PT-327
PT-328
PT-329
PT-330
PT-331
PT-332
PT-333
PT-334
PT-335
PT-336
PT-337; 3/1944 durch jap. Küstenartillerie versenkt (Neu Guinea)
PT-338; 1/1945 Strandung (Philippinen)
PT-339; 5/1944 Strandung (Neu Guinea)
PT-340
PT-341
PT-342
PT-343
PT-344
PT-345
PT-346; 4/1944 irrtümlich durch US-Flugzeuge versenkt (Salomonen)
PT-347; 4/1944 irrtümlich durch US-Flugzeuge versenkt (Salomonen)
PT-348
PT-349
PT-350
PT-351
PT-352
PT-353; 3/1944 irrtümlich durch australische Flugzeuge versenkt (Neu Guinea)
PT-354
PT-355
PT-356
PT-357
PT-358
PT-359
PT-360
PT-361
PT-362
PT-363; 11/1944 durch jap. Küstenartillerie versenkt (Molukken)
PT-364
PT-365

PT-109, ebenfalls als Decksladung an Bord des Liberty-Schiffs „Joseph Stanton" und bereit zum Abtransport zum pazifischen Kriegsschauplatz, fotografiert in der Norfolk NY am 20.8.1942. Es erlangte dadurch Berühmtheit, dass der spätere Präsident John F. Kennedy Kommandant des Bootes war.

PT-366
PT-367
PT-372
PT-373
PT-374
PT-375
PT-376
PT-377
PT-378
PT-379
PT-380
PT-381
PT-382
PT-383
PT-486; umklassifiziert als C-105335 (Small Craft)
PT-487; umklassifiziert als C-105336 (Small Craft)
PT-488
PT-489
PT-490
PT-491
PT-492
PT-493; 10/1944 durch jap. Schiffsartillerie versenkt (Philippinen)
PT-494
PT-495
PT-496
PT-497
PT-498
PT-499; an UdSSR 1944
PT-500; an UdSSR 1944
PT-501; an UdSSR 1944
PT-502; an UdSSR 1944
PT-503; an UdSSR 1944
PT-504; an UdSSR 1944
PT-505
PT-506; an UdSSR 1945
PT-507; an UdSSR 1944
PT-508; an UdSSR 1945
PT-509; 8/1944 versenkt durch dt. Minensucher (Kanal)
PT-510; an UdSSR 1944
PT-511; an UdSSR 1944
PT-512; an UdSSR 1944
PT-513; an UdSSR 1944
PT-514; an UdSSR 1944
PT-515; an UdSSR 1944
PT-516; an UdSSR 1944
PT-517; an UdSSR 1945
PT-518; an UdSSR 1945
PT-519; an UdSSR 1945
PT-520; an UdSSR 1945

Heckansicht von Kennedys PT-109 (der PT-103-Klasse) an Bord von SS „Joseph Stanton“.

PT-117 im August 1942, kurz nach der Fertigstellung in einer achterlichen Seitenansicht.

PT-521; an UdSSR 1945
PT-522; an UdSSR 1945
PT-523
PT-524
PT-525
PT-526
PT-527
PT-528
PT-529
PT-530
PT-531
PT-532
PT-533
PT-534
PT-535
PT-536
PT-537
PT-538
PT-539
PT-540
PT-541
PT-542
PT-543
PT-544
PT-545
PT-546 ex-RPT-13
PT-547 ex-RPT-14
PT-548 ex-RPT-15
PT-549 ex-RPT-16
PT-550 ex-RPT-17
PT-551 ex-RPT-18
PT-552; an UdSSR 1945
PT-553; an UdSSR 1945
PT-554; an UdSSR 1945
PT-555; 8/1944 durch Minentreffer gesunken (Südfrankreich)
PT-556
PT-557; umklassifiziert als C-105338 (Small Craft)
PT-558
PT-559; umklassifiziert als C-105339 (Small Craft)
PT-560; an UdSSR 1945
PT-561; an UdSSR 1945
PT-562; an UdSSR 1945
PT-563; an UdSSR 1945
PT-565
PT-566
PT-567
PT-568
PT-569
PT-570
PT-571

PT-150, fotografiert von einem unbekannten Torpedoschnellboot aus, in Polloc Harbor auf Mindanao am 17.4.1945. Im April 1940 beschloss die Navy, dass einzelne PT-Boote nicht mehr einzeln formal als US-Kriegsschiffe in Dienst gestellt werden („commissioned“), sondern jeweils in Flottillen (Squadrons) von 12 Booten operieren sollten, die als solche „commissioned“ und jeweils einem kommandierenden Offizier unterstellt waren. Die verantwortlichen Offiziere (Bootskommandanten) und die Besatzungen der Flottille wechselten von Boot zu Boot innerhalb dieser, je nach Verfügbarkeit von Booten und Besatzungen, und sogar die Boote selbst wechselten häufig von Flottille zu Flottille, die aufgrund von Verlusten und sonstigen Ausfällen häufig umorganisiert wurden.

Betankung von PT-194 auf hoher See durch USS „Wachapreague“ (AGP-8) am 20.10.1944, am langen Weg von Palau zu den Philippinen. Der Treibstoffverbrauch amerikanischer PTs war extrem hoch.

PT-314 der PT-103-Klasse im Juli 1943 bei Rhode Island an der Ostküste, in einer Original-Farbaufnahme.

PT-572
PT-573
PT-574
PT-575
PT-576
PT-577
PT-578
PT-579
PT-580
PT-581
PT-582
PT-583
PT-584
PT-585
PT-586
PT-587
PT-588
PT-589
PT-590
PT-591
PT-592
PT-593
PT-594
PT-595
PT-596
PT-597
PT-598
PT-599
PT-600
PT-601; umklassifiziert als RCT-1
PT-602; umklassifiziert als RCT-2; an Norwegen 1951 (Snogg)
PT-603; umklassifiziert als RCT-3; an Norwegen 1951 (Sel)
PT-604; umklassifiziert als RCT-4; an Norwegen 1951 (Sild)
PT-605; umklassifiziert als RCT-5; an Norwegen 1951 (Skrei)
PT-606; umklassifiziert als RCT-6; an Norwegen 1951 (Snarren Lyr)
PT-607
PT-608; umklassifiziert als RCT-8; an Norwegen 1951 (Springer)
PT-609; umklassifiziert als RCT-9; an Norwegen 1951 (Hai)
PT-610; umklassifiziert als RCT-10; an Norwegen 1951 (Hauk)
PT-611; umklassifiziert als RCT-11; an Norwegen 1951 (Hval)
PT-612; umklassifiziert als RCT-12; an Norwegen 1951 (Hvass)
PT-613; an Südkorea 1952 (Galmaegi)
PT-614; umklassifiziert als C-105340 (Small Boat)
PT-615; umklassifiziert als C-105341 (Small Boat)
PT-616; an Südkorea 1952 (Gireogo)
PT-617
PT-618; umklassifiziert als C-105342 (Small Boat)
PT-619; an Südkorea 1952 (Olbbaemi)
PT-620; an Südkorea 1952 (Jebi)
PT-621
PT-622

PT-332 an der Ostküste vor New York am 20.8.1943.

PT-333 mit hoher Geschwindigkeit vor New York am 20.8.1943 (PT-103-Klasse).

Schnellboote wurden auch von den USA oft zur Beförderung von hochrangigen Militärs im Frontbereich eingesetzt. Hier PT-490 mit General Douglas MacArthur auf der Fahrt zwischen den philippinischen Inseln Negros und Panay im Jahr 1945. Seine Kommandoflagge (Fünf Sterne-General) ist gut zu erkennen, ebenfalls er selbst, mittschiffs (mit der linken Hand in der Hosentasche).

PT-623; Bau storniert September 1945
PT 624; Bau storniert September 1945
PT-731; an UdSSR 1944
PT-732; an UdSSR 1944
PT-733; an UdSSR 1944
PT-734; an UdSSR 1944
PT-735; an UdSSR 1944
PT-736; an UdSSR 1944
PT-737; an UdSSR 1944
PT-738; an UdSSR 1944
PT-739; an UdSSR 1944
PT-740; an UdSSR 1944
PT-741; an UdSSR 1944
PT-742; an UdSSR 1944
PT-743; an UdSSR 1944
PT-744; an UdSSR 1944
PT-745; an UdSSR 1945
PT-746; an UdSSR 1945
PT-747; an UdSSR 1945
PT-748; an UdSSR 1945
PT-749; an UdSSR 1945
PT-750; an UdSSR 1945
PT-751; an UdSSR 1945
PT-752; an UdSSR 1945
PT-753; an UdSSR 1945
PT-754; an UdSSR 1945
PT-755; an UdSSR 1945
PT-756; an UdSSR 1945
PT-757; an UdSSR 1945
PT-758; an UdSSR 1945
PT-759; an UdSSR 1945
PT-760; an UdSSR 1945
PT-761 bis PT-790: Bau storniert August 1945

PT-523 bei der Betriebsstoffübernahme (durch AGP-8) am 20.10.1944, zwischen Palau und Philippinen, im Rahmen der Leyte-Invasion.

PT-601 der PT-103 Klasse, mit Tarnbemalung, aber ohne Torpedos, aufgenommen ca. 1945.

4.3.1.8 PT-368 -Klasse

Die vier 1942 in Kanada gebauten 33ts/70 Fuß-Torpedo-Schnellboote PT-368 bis PT-371 waren ursprünglich für die Niederlande zum Karibik-Einsatz vorgesehen. Sie wurden bei der Electric Boat Company (Elco) auf US-Standards umgerüstet und ähnelten schließlich stark den Elco-Booten. Zwei gingen durch Strandung in der Karibik verloren, zwei stellten nach Kriegsende auf den Philippinen außer Dienst.

Schiffserkennung: Ähneln stark der PT-20-Klasse, aber mit stärkerer Geschützbewaffnung und Radarmast ausgestattet.

PT-368 bis PT-371	
Stapelläufe	1942
Wasserverdrängung	33 ts
Abmessungen (LxBxT)	21,4 x 5,8 x 1,4 m
Antrieb	Benzinmotoren, 4500 PS, 3 Wellen
Geschwindigkeit	41 kn
Bewaffnung	1 x 3,7; 1 x 2 x 2cm; 4 MG, 2 x 53 cm Torpedorohre

PT-370, aus einer Klasse von nur vier Booten (PT-368 bis PT 371), die 1942 in Kanada gebauten wurden. Hier in schneller Fahrt in einer Backbord-Aufnahme. Ursprünglich war die Lieferung der Boote an die niederländische Marine geplant gewesen.

<u>Bauwerft (1):</u>
Canadian Power Boat Co., Montreal, Quebec, Kanada

PT-368; 10/1944 Strandung (Molukken)
PT-369
PT-370
PT-371; 10/1944 Strandung (Molukken)

Detailaufnahme von PT-369 bei den Molukken am 15.9.1944, zum Beginn der Schlacht um Morotai (Operation Tradewind).

9
369
"SAD SACK"

4.3.1.9 PT-384 -Klasse

Auf US-Werften nach britischem Entwurf der Firma Vosper Limited gebauten 136 Torpedo-Schnellboote. 16 der 39 ts/70 Fuß-Einheiten gingen 1943/44 sofort als MTB an die Royal Navy (PT-384-399), 82 nach Fertigstellung 1944/45 an die Sowjetunion (PT-384-449, 661-730) und erhielten dort Kennnummern mit der Buchstabengruppe TK davor. Von den 16 britischen Einheiten gingen fast alle nach formeller Rückgabe an die USA in den späten 1940er Jahren an Italien (insgesamt 12 Einheiten), zwei weitere 1947 an Ägypten.
Die restlichen 38 Einheiten wurden nach Fertigstellung bzw. Indienststellung für die U.S. Navy ab Anfang 1945 noch im selben Jahr wieder außer Dienst gestellt bzw. erst gar nicht mehr in Dienst gestellt. Zwei davon gingen 1946 an Kuba.

PT-384 bis PT-449, PT-661 bis PT-730	
Stapelläufe	1943 bis 1945
Wasserverdrängung	39 ts
Abmessungen (LxBxT)	22 x 5,8 x 1,4 m
Antrieb	Benzinmotoren, 4500 PS, 3 Wellen
Geschwindigkeit	40 kn
Bewaffnung	0 bis 1 x 2 cm; 2 bis 4 MG, 2 x 53 cm Torpedorohre, WaBo

Schiffserkennung: Erhöhte, zur Brücke hin nach innen eingezogene Back fast ohne Deckssprung mit Geschütz, kleine trapezoide zweistufige Brücke mit kurzem Mast, zum Teil mit Radar-Dom im Top, an der Hinterkante, dahinter flacher Aufbau mit Geschütz am hinteren Ende, beidseits nur ein Torpedorohr, neben der erhöhten Back beginnend. Einige auch mit Flaknestern statt Geschütz achtern hinter der Brücke.

PT-384, ein Torpedoschnellboot das im Oktober 1943 bei Robert Jacobs in City Island, New York vom Stapel lief. Hier als britisches Boot MTB 396, wahrscheinlich aufgenommen bei den Probefahrten an der US-Ostküste 1943. Es war das Typschiff der PT-384-Klasse der U.S. Navy, von der nach britischem Entwurf (Vosper Ltd.) 136 Boote in den USA gebaut wurden, die teilweise an die Royal Navy gingen.

Bauwerften (3):
Robert Jacobs, City Island, N.Y.: PT-384-399
Annapolis Yacht Yard, Annapolis, Md.: PT-400-429, 661-730
Herreshoff Manufacturing Co., Bristol, R.I.: PT-430-449

PT-384; an Großbritannien als MTB 396
PT-385; an Großbritannien als MTB 397; später an Ägypten
PT-386; an Großbritannien als MTB 398; später an Italien
PT-387; an Großbritannien als MTB 399; später an Ägypten
PT-388; an Großbritannien als MTB 400; später an Italien
PT-389; an Großbritannien als MTB 401, später an Italien
PT-390; an Großbritannien als MTB 402, später an Italien
PT-391; an Großbritannien als MTB 403, später an Italien
PT-392; an Großbritannien als MTB 404, später an Italien
PT-393; an Großbritannien als MTB 405, später an Italien
PT-394; an Großbritannien als MTB 406, später an Italien
PT-395; an Großbritannien als MTB 407, 1946 an US Army
PT-396; an Großbritannien als MTB 408, später an Italien
PT-397; an Großbritannien als MTB 409, später an Italien
PT-398; an Großbritannien als MTB 410, später an Italien
PT-399; an Großbritannien als MTB 411, später an Italien
PT-400; an UdSSR 1944
PT-401; an UdSSR 1944
PT-402; an UdSSR 1944
PT-403; an UdSSR 1944
PT-404; an UdSSR 1944

PT-405; an UdSSR 1944
PT-406; an UdSSR 1944
PT-407; an UdSSR 1944
PT-408; an UdSSR 1944
PT-409; an UdSSR 1944
PT-410; an UdSSR 1944
PT-411; an UdSSR 1944
PT-412; an UdSSR 1944
PT-413; an UdSSR 1944
PT-414; an UdSSR 1944
PT-415; an UdSSR 1944
PT-416; an UdSSR 1944
PT-417; an UdSSR 1944
PT-418; an UdSSR 1944
PT-419; an UdSSR 1944
PT-420; an UdSSR 1944
PT-421; an UdSSR 1944
PT-422; an UdSSR 1944
PT-423; an UdSSR 1944
PT-424; an UdSSR 1944
PT-425; an UdSSR 1944
PT-426; an UdSSR 1944
PT-427; an UdSSR 1944
PT-428; an UdSSR 1944
PT-429; an UdSSR 1944
PT-430; an UdSSR 1944
PT-431; an UdSSR 1944
PT-432; an UdSSR 1944
PT-433; an UdSSR 1944
PT-434; an UdSSR 1944
PT-435; an UdSSR 1944
PT-436; an UdSSR 1944
PT-437; an UdSSR 1944
PT-438; an UdSSR 1944
PT-439; an UdSSR 1944
PT-440; an UdSSR 1944
PT-441; an UdSSR 1944
PT-442; an UdSSR 1944
PT-443; an UdSSR 1944
PT-444; an UdSSR 1944
PT-445; an UdSSR 1944
PT-446; an UdSSR 1944
PT-447; an UdSSR 1944
PT-448; an UdSSR 1944
PT-449; an UdSSR 1944
PT-661; an UdSSR 1944
PT-662; an UdSSR 1944
PT-663; an UdSSR 1944
PT-664; an UdSSR 1944
PT-665; an UdSSR 1944
PT-666; an UdSSR 1944

PT-384 im Jahr 1943, mit der Kennung 396, die das Boot dann in der Royal Navy führte (MTB-396).

PT-667; an UdSSR 1944
PT-668; an UdSSR 1944
PT-669; an UdSSR 1944
PT-670; an UdSSR 1944
PT-671; an UdSSR 1944
PT-672; an UdSSR 1944
PT-673; an UdSSR 1944
PT-674; an UdSSR 1944
PT-675; an UdSSR 1944
PT-676; an UdSSR 1944
PT-677; an UdSSR 1944
PT-678; an UdSSR 1945
PT-679; an UdSSR 1945
PT-680; an UdSSR 1945
PT-681; an UdSSR 1945
PT-682; an UdSSR 1945
PT-683; an UdSSR 1945
PT-684; an UdSSR 1945
PT-685; an UdSSR 1945
PT-686; an UdSSR 1945
PT-687; an UdSSR 1945
PT-688; an UdSSR 1945
PT-689; an UdSSR 1945
PT-690; an UdSSR 1945
PT-691; an UdSSR 1945
PT-692; an UdSSR 1945
PT-693
PT-694
PT-695
PT-696
PT-697
PT-698
PT-699
PT-700
PT-701
PT-702
PT-703
PT-704
PT-705
PT-706
PT-707
PT-708
PT-709
PT-710
PT-711
PT-712
PT-713
PT-714
PT-715; an Kuba 1946
PT-716; an Kuba 1946
PT-717
PT-718
PT-719
PT-720
PT-721
PT-722
PT-723
PT-724
PT-725
PT-726
PT-727
PT-728
PT-729
PT-730

4.3.1.10 BPT-21 -Klasse

Anders, als die für Großbritannien in den USA gebauten BPT-1 bis BPT-10, die dem Elco-Typ PT-20 entsprachen, werden die 48 ebenfalls in den USA gebauten 49 ts/73 Fuß-Torpedo-Schnellboote BPT-21 bis BPT-68 grundsätzlich dem britischen Vosper-Typ zugerechnet. Sie gingen nach Fertigstellung 1942 bis 1943 gleich an die Royal Navy (als MTB- 275 bis MTB 378), davon viele konkret an die Royal Indian Navy. Vier britische und zwei indische Boote gingen im Krieg im Mittelmeer bzw. beim Transfer nach Indien verloren. Acht britische Einheiten gingen 1944 an die Sowjetunion, und wurden nach dem Krieg zurückgegeben und von den USA nicht mehr in Dienst gestellt. MTB-295 und MTB-373 bis MTB-378 gingen nach dem Krieg als Torpedofangboote an Italien.

BPT-21 bis BPT-68	
Stapelläufe	1942 und 1943
Wasserverdrängung	49 ts
Abmessungen (LxBxT)	22,3 x 5,9 x 1,7 m
Antrieb	Benzinmotoren, 10800 PS, 3 Wellen
Geschwindigkeit	40 kn
Bewaffnung	1 x 2cm; 2 bis 4 MG, 2 x 46 bzw. 53 cm Torpedorohre, WaBo

Schiffserkennung: Entsprachen dem Typ PT-384, waren jedoch gut einen Meter länger.

Bauwerften (3):
Annapolis Yacht Yard, Annapolis, Md.: PT-21-28, 49-68
Harbor Boat Building Co., Terminal Island, Long Beach, Ca.: PT-43-48
Herreshoff Manufacturing Co., Bristol, R.I.: PT-29-36
Robert Jacobs, City Island, N.Y.: PT-37-42

BPT-21; britisch MTB-275
BPT-22; britisch MTB-276
BPT-23; britisch MTB-277
BPT-24; britisch MTB-278
BPT-25; britisch MTB-279
BPT-26; britisch MTB-280
BPT-27; britisch MTB-281
BPT-28; britisch MTB-282
BPT-29; britisch MTB-287; Kriegsverlust 1944
BPT-30; britisch MTB-288; Kriegsverlust 1943
BPT-31; britisch MTB-289
BPT-32; britisch MTB-290
BPT-33; britisch MTB-291
BPT-34; britisch MTB-292
BPT-35; britisch MTB-293
BPT-36; britisch MTB-294
BPT-37; britisch MTB-295; an Italien
BPT-38; britisch MTB-296
BPT-39; britisch MTB-297
BPT-40; britisch MTB-298
BPT-41; britisch MTB-299
BPT-42; britisch MTB-300
BPT-43; britisch MTB-301
BPT-44; britisch MTB-302
BPT-45; britisch MTB-303
BPT-46; britisch MTB-304
BPT-47; britisch MTB-305
BPT-48; britisch MTB-306
BPT-49; britisch MTB-283
BPT-50; britisch MTB-284; Kriegsverlust 1943 bei Überstellung nach Indien (I 27)
BPT-51; britisch MTB-285; Kriegsverlust 1943 bei Überstellung nach Indien (I 27)
BPT-52; britisch MTB-286; 1944 an UdSSR
BPT-53; britisch MTB-363; 1944 an UdSSR
BPT-54; britisch MTB-364; 1944 an UdSSR
BPT-55; britisch MTB-365; 1944 an UdSSR
BPT-56; britisch MTB-366; 1944 an UdSSR
BPT-57; britisch MTB-367; 1944 an UdSSR
BPT-58; britisch MTB-368; 1944 an UdSSR
BPT-59; britisch MTB-369; 1944 an UdSSR
BPT-60; britisch MTB-370
BPT-61; britisch MTB-371; Kriegsverlust 1944
BPT-62; britisch MTB-372; Kriegsverlust 1944
BPT-63; britisch MTB-373; an Italien
BPT-64; britisch MTB-374
BPT-65; britisch MTB-375
BPT-66; britisch MTB-376
BPT-67; britisch MTB-377
BPT-68; britisch MTB-378

4.3.1.11 PT-809 -Klasse

Bei diesen ersten Nachkriegsneubauten von Torpedo-Schnellbooten (PT-809 bis PT-812) handelte es sich um vier verschieden Einzel-Prototypen von 47 bis 102 ts und 89 bis 105 Fuß Länge, die ersten beiden mit Aluminium-Rümpfen. Die Bauzeit war bei allen zwischen 1949 und 1951. PT-809 diente ab 1959 mit Namen *Guardian* als Begleitschiff für die Yachten des US-Präsidenten (mit Secret Service-Besatzung; eine offizielle Indienststellung als USS *Guardian* war nie erfolgt, die Bezeichnung wurde dennoch häufig verwendet), danach ab 1974 als DR-1 Retriever, als Drohnenfangboot und SEAL-Unterstützungsboot. 1988 wurde es nach der längsten Dienstzeit eines PT-Bootes außer Dienst gestellt. PT-810 und PT-811 wurden 1962 zu PTF-1 und PTF-2 (Fast Patrol Crafts – Schnelle Patrouillenfahrzeuge) umklassifiziert. Beide wurden nach Vietnam-Einsatz 1965 im Pazifik als Zielschiffe versenkt. PT-812 schließlich wurde 1960 an Südkorea abgegeben.

PT-809 bis PT-812	
Stapelläufe	1950 und 1951
Wasserverdrängung	47 bis 102 ts
Abmessungen (LxBxT)	27,1 bis 32 x 6,7 bis 8,1 x 1,3 bis 1,8 m
Antrieb	Benzinmotoren, 10000 PS, 4 Wellen
Geschwindigkeit	18 bis 55 kn
Bewaffnung	2 x 4, 2bis 4 x 2 cm; 8 cm Mörser, 0 bis 1 MG

Schiffserkennung: Glattdecker (Flushdecker) mit geringem geschwungenem Deckssprung, breiter Back mit Geschütz(en) und sich nach achtern nur gering verjüngendem Rumpf, unterschiedlichen (stromlinienförmiger bzw. rechteckiger, ein- bzw. zweistufiger) Brückenformen mit Hauptmast (Dreibein- bzw. Gittermast) an der Hinterkante, ohne Aufbau dahinter, die seitlichen zwei bis vier Torpedoracks wurden stets leer gefahren, Geschütz(e) achtern. Bei PT-809 war die Brücke in der Schiffsmitte positioniert; PT-10 hatte steuerbords noch eine Flakwanne an der hinteren Brückenkante; PT-812 erhielt 1959 einen prominenten Schornstein hinter der Brücke nach Einbau von Gas-Turbinen.

Hier kommen wir zu den ersten Schnellboot-Neubauten in der U.S. Navy nach dem Zweiten Weltkrieg, die ab 1949 gefertigt wurden. Die PT-809-Klasse (PT-809 bis PT-812) bestand aus vier verschieden Prototypen, die hier aus praktischen Gründen in dieser Klasse zusammengefasst werden. Das Foto zeigt PT-810 (später PTF-1) in Gewässern vor der Bauwerft Bath Iron Works in Maine am 20.11.1950.

Der Nachkriegsneubau PT-810 in der Chesapeake Bay an der Ostküste am 21.4.1951.

Bauwerften (4):
Electric Boat Co., Groton, Ct.: PT-809
Bath Iron Works, Bath, Me.: PT-810
John Trumpy and Sons, Annapolis, Md.: PT-811
Philadelphia NY, Philadelphia, Pa.: PT-812

PT-809 Guardian (Begleitschiff für Präsidentenyacht); 1974 DR-1 Retriever
PT-810; 1962 PTF-1
PT-811; 1962 PTF-2
PTF-812; 1960 an Südkorea

PT-809, PT-810 and PT-811 der PT-809-Klasse in Formationsfahrt, wahrscheinlich ebenfalls in der Chesapeake Bay am 21.4.1951. Man könnte die vier unterschiedlichen Boote der Klasse auch als vier Einzelgänger führen.

PTF-2 (ex PT-811) der PT-809-Klasse, vor Norfolk, Va. im Jahr 1963, mit Radar ausgestattet, dahinter PTF-3 und PTF-4.

4.3.1.12 PTF-3 -Klasse

Die zwanzig schnellen Patrouillenboote (Patrol (Torpedo-)Boats, Fast) PTF-3 bis PTF-22 waren 1963 bis 1965 in Norwegen bzw. 1968 bis 1970 in den USA in Lizenz gebaute Einheiten der dortigen *Nasty-* bzw. *Tjeld-* Klasse. Auch die deutsche Bundesmarine erhielt zwei Einheiten (P 6191 *Hugin* und P 6192 *Munin*), die sie 1960 bis 1964 zur Erprobung in Dienst hatte. Zudem fuhren die Royal Navy, die Türkei und Griechenland Boote dieser Klasse. Die 85 ts/81 Fuß-Torpedo-Schnellboote fuhren bei der U.S. Navy stets ohne die seitlich vorgesehenen vier Torpedorohre. Sechs Boote gingen im Vietnam-Krieg verloren. Die restlichen Boote wurden bis 1977 außer Dienst gestellt.

PTF-3 bis PTF-22	
Stapelläufe	1962 bis 1969
Wasserverdrängung	85 ts
Abmessungen (LxBxT)	24,5 x 7,5 x 1,2 cm
Antrieb	Diesel, 6200 PS, 2 Wellen
Geschwindigkeit	38 kn
Bewaffnung	1 x 4, 2 x 2, 1 x 1,3 cm; 8 cm Mörser

Schiffserkennung: Glattdecker (Flushdecker) mit geringem geschwungenen Deckssprung, breiter Back mit Geschütz und sich nach achtern nur gering verjüngendem Rumpf, kleiner kompakter rechteckiger konkav zweistufiger Brücke in der Schiffsmitte mit kleinem Dreibeinast an der Hinterkante, dahinter Geschütz.

PTF-4 der PTF-3-Klasse, ein Entwurf basierend auf der norwegischen „Nasty"- bzw. „Tjeld"-Klasse; das F am Ende der PT-Kennung stand für „Fast". Durch den Vietnamkrieg sah die Navy einen erneuten Bedarf an kleinen Kampfschiffen für Operationen in Binnengewässern und bestellte zwei Schiffe (PTF-3 und 4) bei der norwegischen Firma Westermoen, die 1962 geliefert wurden, 1966 folgte in Norwegen eine Bestellung über 14 weitere (PTF-5 bis 16), zusätzlich mit einer Lizenzvereinbarung über den Bau weiterer sechs Boote in den USA. Das Foto zeigt PTF-4 im Jahr 1963, ohne Torpedos.

Ein Boot der PTF-3 oder „Nasty"-Klasse, in voller Fahrt und, wie für diese Klasse in der U.S. Navy üblich, ohne Torpedorohre, fotografiert im Jahr 1973.

Zwei Boote der PTF-3-Klasse im Jahr 1973.

Bauwerften (2):
Westermoen Båtbyggeri, Mandal, Norwegen: PTF-3-16 (an zwei Werftstandorten)
John Trumpy & Sons, Annapolis, Md.: PTF-17-22

PTF 3; 1966 an Südvietnam; 1970 zurück an USA; (Deland Naval Air Station Museum)
PTF 4; Verlust Vietnamkrieg 1/1965
PTF 5; 1966 an Südvietnam; 1970 zurück an USA
PTF 6; 1966 an Südvietnam; 1970 zurück an USA
PTF 7; 1966 an Südvietnam; 1970 zurück an USA
PTF 8; Verlust Vietnamkrieg 6/1966
PTF 9; Verlust Vietnamkrieg 3/1966
PTF 10
PTF 11
PTF 12
PTF 13
PTF 14; an Südvietnam, dabei Verlust 4/1966
PTF 15; an Südvietnam, dabei Verlust 4/1966
PTF 16; Verlust Vietnamkrieg 6/1966
PTF 17 (Museumsschiff im Buffalo and Erie County Naval & Military Park)
PTF 18
PTF 19
PTF 20
PTF 21
PTF 22; gestrandet 3/1976

US-Eigenbau von PTF-14, eines norwegischen „Nasty"-Bootes, bei John Trumpy and Sons in Annapolis, Md., aufgenommen am 31.5.1967.

4.3.1.13 PTF-23 Osprey -Klasse

Die vier 105 ts/95 Fuß schnellen Patrouillenfahrzeuge (Patrol Torpedoboats, Fast), PTF-23 bis PTF-26, auch als *Osprey*-Klasse bezeichnet, wurden 1968 in den USA gebaut und im Vietnam-Krieg eingesetzt. Alle wurden in den 1980er Jahren außer Dienst gestellt, das Typschiff zum zivilen Forschungsschiff umgebaut.

Schiffserkennung: Glattdecker (Flushdecker) mit geringem Deckssprung, breiter Back mit Geschützen und sich nach achtern nicht verjüngendem Rumpf, kleiner kompakter rechteckiger konkav dreistufiger Brücke achtern in der Schiffsmitte mit integriertem Schornstein und kleinem Dreibeinmast, dahinter Geschütz.

PTF-23 bis PTF-26	
Bauwerften	Sewart Seacraft, Berwick
Stapelläufe	1968
Wasserverdrängung	105 ts
Abmessungen (LxBxT)	28,8 x 7 x 2,1 m
Antrieb	Diesel, 6200 PS, 2 Wellen
Geschwindigkeit	40 kn
Bewaffnung	1 x 4, 2 x 2, 1 x 1,3 cm; 8 cm Mörser

Die vier Boote der PTF-23-Klasse (PTF-23 bis PTF-26), auch als „Osprey"-Klasse bezeichnet. Es handelt sich um eine größere und verbesserte Version der „Nasty"-Klasse, in den USA gebaut, mit Aluminium- statt Holzrümpfen. Auch sie wurden im Vietnam-Krieg eingesetzt. Das Foto zeigt das Typschiff PTF-13 in Bau bei Sewart Seacraft am 24.10.1967.

Ein weiteres Foto von PTF-23 der „Osprey"-Klasse 1967. Hier ist gut erkennbar, dass es sich um keinen Holz-, sondern einen Aluminiumrumpf handelt.

4.3.2 Schnelle Patrouillen-Fahrzeuge (PCF)

4.3.2.1 PCF-1 -Klasse

Diese 214 speziell für den Flusseinsatz im Vietnam-Krieg entworfenen, ebenfalls als Schnelle Patrouillenfahrzeuge (jetzt allerdings mit der Kennung „PCF") klassifizierten Boote, auch „Swift-Boote" (Schnellboote) bezeichneten 19 ts/ 45 Fuß-Boote wurden ab 1965 bis 1973 in vier Subklassen (Mark I bis IV) gebaut. Mark IV war geringfügig länger und hatte einen Stahlrumpf. Einige Boote gingen auch an die US Coast Guard oder wurden später an diese abgegeben. Für die Philippinen wurden 25, für Saudi-Arabien 17 Einheiten gebaut. Einige gingen an Südvietnam, Thailand, Bahrein, Malta, Albanien und Panama; Vietnam und Kambodscha übernahmen einige am Ende des Vietnam-Krieges erbeutete bzw. zurückgelassene Einheiten. Hiervon befinden sich noch viele im Dienst. John Kerry, der 68. U.S.-Außenminister und gegenwärtige Sondergesandte von Präsident Biden für das Klima, war in Vietnam Kommandant von PCF-94 gewesen.

50NS65.1 bis 65.16, 50NS66.1 bis 66.88, 50NS68.1 bis 68.30	
Bauwerften	Sewart Seacraft, Berwick
Stapelläufe	1965 bis 1967
Wasserverdrängung	19 ts
Abmessungen (LxBxT)	15,3 bis 15,6 x 4 x 1,1 m
Antrieb	Diesel, 860 PS, 2 Wellen
Geschwindigkeit	28 kn
Bewaffnung	3 x 1,3 cm; 8 cm Mörser

Schiffserkennung: Glattdecker (Flushdecker) mit geringem Deckssprung, relativ hoher kompakter Brücke ganz vorn, mit Flakwanne an der Hinterkante, dahinter geradem Aufbau bis zur Schiffsmitte mit Peitschenantennen oder kleinem Mast mit Radar, achtern (Mörser-) Geschütz.

Von diesen für die „Brown Water Navy" zum Flusseinsatz im Vietnam-Krieg konzipierten schnellen Patrouillenfahrzeuge der PCF-1-Klasse (Swift-Boote) wurden über 200 Einheiten gebaut. Das Foto zeigt PCF-23 in hoher Fahrt im Jahr 1967.

PCF-40 im Vordergrund, dahinter PCF-27 und weitere Swift-Boote bei einem Manöver im Küstenbereich.

PCF-40 mit einem UH-1B Iroquois-Hubschrauber, in Vietnam 1969.

PCF-94 in einer Backbord-Seitenaufnahme aus dem Jahr 1968.

Das Foto zeigt PCF-94, ein Mark II Patrol Craft Fast (Swift Boat), in voller Fahrt.

4.3.3 Tragflügel-Kanonenboote (PGH)

4.3.3.1 PGH-1 Flagstaff -Klasse

Das 67 ts/82 Fuß-Tragflügel-Kanonenboot (Fuß-Patrol Gunboat/Hydrofoil/Hydrofoil Gun Boat) PGH-1, USS *Flagstaff* wurde 1968 in Dienst gestellt und nach intensiven Erprobungen der neuen Tragflügeltechnologie durch die U.S. Navy 1974, mit verminderter Bewaffnung, an die US Coast Guard abgegeben. Dort ebenfalls zu Erprobungszwecken verwendet, wo es als WPPH-1 fuhr (in weißem Anstrich). 1978 wurde es dann außer Dienst gestellt und abgebrochen.

Schiffserkennung: Glattdecker (Flushdecker) mit gering geschwungenem Deckssprung, Geschütz auf der Back, relativ hoher stromlinienförmiger kompakter Brücke vorn dahinter gerader Aufbau mit Schrägmast und Flak-Wannen an der Hinterkante, am Heck größerer Aufbau mit kleinem Schrägschornstein an seiner Vorderkante. Für Verdrängerfahrt oder im Hafen, am Heck beidseits und am Bug voluminöse und hohe Tragflügel mit Finnen und Auftriebskörpern am Ende.

PGH-1	
Stapellauf	1966
Wasserverdrängung	67 ts
Abmessungen (LxBxT)	25 x 6,6 x 5,5 m
Antrieb	CODAG, 3000 PS, 1 Welle und 2 Waterjets
Geschwindigkeit	52 kn
Bewaffnung	1 x 4 cm; 4 MG, 8 cm Mörser

Bauwerft (1):
Grumman Aircraft Engineering Corporation, Stuart, Fl.

PGH-1 Flagstaff; 1974 USCGS Flagstaff (WPBH 1)

Die nur 5 ts verdrängende „Sea Leg" war das erste funktionstüchtige Tragflügelboot, das versuchsweise im Rahmen des „Hydrofoil Research Program" in den 1950er Jahren gebaut wurde (von Algonac, Michigan), aber nie von der U.S. Navy als operative Einheit übernommen wurde. Viele der gewonnenen Erfahrungen flossen dann in den Bau von „Flagstaff" und „Tucumcari" ein.

Die Klasse umfasst nur das Typschiff PGH-1 „Flagstaff“, das 1966 bei der Grumman Aerospace Corporation in Stuart, Florida vom Stapel lief 1968 in Dienst gestellt wurde. PG steht für Kanonenboot, das „H“ für „Hydrofoil“, was also Tragflügel-Kanonenboot bedeutet. Es wurde von der Navy als Versuchsschiff für den Einsatz in Vietnam entwickelt und nach einer operativen Testphase auch dort eingesetzt, gemeinsam mit dem von Boeing entwickelten PGH-2 „Tucumcari“. Die beiden Schiffe bildeten die Coastal Squadron 3 und führten 1970 Patrouilleneinsätze durch, wurden aber wegen zu komplexer und aufwändiger Wartungsnotwendigkeiten bald wieder abgezogen.

Die Küstenwache übernahm das Boot 1974 als USCGC „Flagstaff“ (WPBH-1) für Versuche, mit dem Gedanken des möglichen Ersatzes einiger alter und konventioneller Fahrzeuge (Kutter); sie wollte vor allem zur Bekämpfung des Drogenschmuggels auf See mit solchen Hochgeschwindigkeits-Booten auf die immer bessere Ausrüstung der Drogen-Mafia reagieren. Auch für die USCG waren aber die Wartungs- und Reparaturkosten bald zu aufwändig und „Flagstaff“ wurde 1978 an die Navy retourniert und dort endgültig ausgemustert. Der weitere Verbleib des Schiffes ist unklar.

4.3.3.2 PGH-2 Tucumcari -Klasse

Das 57 ts/80 Fuß-Tragflügel-Kanonenboot (Patrol Gunboat/ Hydrofoil, auch Hydrofoil Gun Boat) PGH-2 USS *Tucumcari* wurde 1968 in Dienst gestellt und war, neben PGH-1 *Flagstaff*, eine wichtige Grundlage für die Technologie, die in den späteren Tragflügel-Flugkörperschnellboote der Pegasus-Klasse zum Einsatz kam. Einzigartiges Merkmal war ein Wasserstrahlantrieb und eine vollständig untergetauchte „Foil-Konfiguration" (am Bug, an Backbord und Steuerbord). Das Boot lief am 7.3.1972 vor in Puerto Rico bei Caballo Blanco auf ein Korallenriff. Es wurde anschließend abgebrochen, außer Dienst gestellt und schließlich weiter als Test-Hulk verwendet.

PGH-2	
Stapellauf	1968
Wasserverdrängung	57 ts
Abmessungen (LxBxT)	24,4 x 6,7 x 4,3 m
Antrieb	CODAG, 3000 PS, 1 Welle und 2 Waterjets
Geschwindigkeit	52 kn
Bewaffnung	1 x 4 cm; 4 MG, 8 cm Mörser

Schiffserkennung: Glattdecker (Flushdecker) mit geringem geschwungenem Deckssprung, Geschütz auf der Back, kompakter stromlinienförmiger Brücken/Aufbaukomplex in der Schiffsmitte mit Gittermast und (zeitweise) Flak-Wannen und integrierter Abgasschachtöffnung im hinteren Teil, am Heck Geschütz, im Heckspiegel runder Abgasauslass. Bei Verdrängerfahrt oder im Hafen, am Heck beidseits und am Bug voluminöse und hohe Tragflügel mit Finnen am Ende.

PGH-2 „Tucumcari" wurde bei der Boeing Aerospace Group in Seattle im Juli 1968 vom Stapel gelassen und nach Tests und Evaluierungen an der US-Westküste nach Südvietnam transportiert, wie auch PGH-1. Nach Rücktransport in die USA wurde es nach Europa gebracht und u.a. in England, Deutschland und im Mittelmeer vorgeführt. Das Bild zeigt PGH-2 vor Seattle, bei Hochgeschwindigkeitsfahrten 1971.

USS „Tucumcari“ (PGH-2) bei der 6. Flotte im Mittelmeer in den 1970er Jahren in Verdrängerfahrt, bei der Betriebsstoffübernahme.

Bauwerft (1):
Boeing Aerospace Group, Seattle, Wa.

PGH 2 Tucumcari; 11/1972 vor Puerto Rico aufgrund gelaufen

Das Tragflügel-Kanonenboot PGH-2 „Tucumcari" in hoher Fahrt, der Rumpf hoch aus dem Wasser ragend, in einer Aufnahme vom Mai 1971.

4.3.4 Tragflügel-Flugkörperschnellboote (PHM)

4.3.4.1 PHM-1 Pegasus -Klasse

Die sechs 248 ts/131 Fuß-Tragflügel-Flugkörperschnellboote (Patrol Combatant-Missile/Hydrofoil/Hydrofoil Missile Boat) PHM-1 bis PHM-6 der *Pegasus*-Klasse wurden 1977 bis 1983 in Dienst gestellt. Das PHM-Bauprogramm, ebenfalls maßgeblich initiiert Admiral von CNO Zumwalt, wurde in den frühen 1970er Jahren begonnen und sollte durch kostengünstige, kampfstarke Tragflächenboote mit Lenkwaffen möglichste viele der großen und teuren Fregatten und Zerstörer ersetzen und für andere Aufgaben abziehen, als den Küstenschutz. Es war geplant, bis zu 100 solcher Boote zu bauen, auch unter Einbindung der NATO-Partner (inklusive der Bundesmarine). Das Programm fiel aber schließlich viel kleiner aus. Ursprünglich war der Name *Delphin* für das Typschiff vorgesehen. Die U.S. Navy baute nur sechs dieser Boote, geplant waren in den USA ursprünglich 30 Einheiten. Ausgestattet sollten sie mit vier einzelnen Harpoon-Lenkwaffenstartern zur Schiffsbekämpfung werden, verwendet wurde als Bewaffnung schließlich der übliche Vierlings-Starter. Diese Tragflügel-Flugkörperschnellboote konnten Geschwindigkeiten in der Größenordnung von 50 Knoten erreichten und waren damit die schnellsten Schiffe, welche die U.S. Navy zu jener Zeit in Dienst hatte. Von ihrem

PHM-1 bis PHM-6	
Stapelläufe	1974 bis 1983
Wasserverdrängung	248 ts
Abmessungen (LxBxT)	40,6 x 8,8 x 7,1 m
Antrieb	CODAG, 21200 PS, 2 Wellen und 2 Waterjets
Geschwindigkeit	51 kn
Bewaffnung	1 x 7,6 cm; 8 Harpoon SSM-Starter

Bauwerft (1):
Boeing Marine Systems, Seattle, Wa.

PHM-1 Pegasus
PHM-2 Hercules
PHM-3 Taurus
PHM-4 Aquila
PHM-5 Aries
PHM-6 Gemini

Die sechs Tragflügel-Flugkörperschnellboote PHM-1 bis PHM-6 der „Pegasus"-Klasse wurden in den späten 1960er Jahren entwickelt und sollten gewissermaßen die Antwort auf die große Zahl von Lenkwaffen-Schnellbooten des Warschauer Pakts („Komar"- und „Osa"-Klasse etc.) sein. Das Beschaffungsprogramm war ursprünglich deutlich umfangreicher geplant, auch unter Einbindung der europäischen NATO-Verbündeten. Die Grundidee war dabei, möglichst viele der größeren Schiffe wie Fregatten und Zerstörer durch diese sehr kleinen, vergleichsweise kostengünstigeren Tragflügel-Lenkwaffenschnellboote zu ersetzen. Die Navy hatte mit den kleinen Fahrzeugen aber, wie üblich, wenig Freude und überließ dieses Feld seht bald lieber ganz den Europäern. Das Foto zeigt PHM-1 „Pegasus" am 3.4.1978 in pazifischen Gewässern.

Die Tragflügel-Flugkörperschnellboote der „Pegasus"-Klasse waren quasi eine Weiterentwicklung von USS „Tucumcari" (PGH-2), ebenfalls von Boeing, das Boot hatte bei den Tests der Navy besser abgeschnitten als USS „Flagstaff" von Grumman Aerospace. Hier PHM-1 in schneller Fahrt in einer undatierten Navy-Aufnahme.

Luftaufnahme von PHM-3 der „Pegasus"-Klasse im November 1989 im Golf von Mexiko, nahe des Heimatstützpunktes Key West, Florida.

Heimstützpunkt Key West in Florida wurden sie deshalb häufig im „Drogenkrieg" eingesetzt, zur offensiven Bekämpfung des Drogenhandels in der Karibik, wofür sie natürlich ihre starke Lenkwaffenausrüstung nicht verwenden konnten und quasi „überqualifiziert" waren. Die Klasse wurde (aus Kostengründen) bereits 1993 wieder vollständig ausgemustert. Ein weiteres Musterbeispiel, dass die Navy einfach keine so kleinen Kampfschiffe in der Flotte wollte.

Schiffserkennung: Glattdecker (Flushdecker) mit geringem Deckssprung, Back mit Geschützturm und sich nach achtern nicht verjüngendem Rumpf, kompakter rechteckiger Brücke mit geradem Aufbau mit Radom und Pfahlmast in Schiffsmitte dahinter, achtern gerader Schornstein und zwei Raketenstartern. Bei Verdrängerfahrt oder im Hafen am Heck beidseits und am Bug voluminöse und hohe Tragflügel mit Finnen und Auftriebskörpern am Ende.

USS „Aries (PHM-5), der Rumpf hoch aus dem Wasser ragend.

USS „Taurus“ (PHM 3) in hoher Fahrt, aufgenommen im Juli 1990, mit zwei Vierfach-Startern für Harpoon-Flugkörper und einem 76 mm Geschütz von OTO Melara, der beeindruckend umfangreichen Standard-Bewaffnung der Klasse.

Hier USS „Gemini“ in langsamer, wasserverdrängender Fahrt beim Manöver UNITAS 85, aufgenommen im August 1985.

USS „Gemini“ (PHM-6) der „Pegasus“-Klasse in einer Seitenansicht über Backbord in hoher Fahrt.

4.4 U-Boot-Jäger (PC, PCE, PCE(R), PCS, SC, PTC, PCH, AGEH)

Mit dem Aufkommen leistungsfähiger Unterseeboote vor dem Ersten Weltkrieg stellte sich auch sofort die Frage nach einem Schiffstyp, der diese effizient bekämpfen konnte. Relativ kleine, wendige und schnelle Fahrzeuge vom Typ Zerstörer oder Torpedoboot erwiesen sich dafür am geeignetsten, besonders zum Schutz der großen Kriegsschiffe. Schon aufgrund ihrer aufwändigen und teuren Maschinenanlagen waren solche Schiffe aber kaum in jenen großen Mengen bereitzustellen, die für den Schutz der Geleitzüge aus Handelsschiffen notwendig gewesen wäre. In Ergänzung dazu wurden deshalb diverse Hilfsschiffe für diese Aufgabe eingezogen und parallel ein eigener Schiffstyp entwickelt, der viel kleiner, langsamer und damit auch deutlich kostengünstiger war und schnell in großen Mengen produziert werden konnte; auch von Werften, die keine Erfahrung im Kriegsschiffbau hatten. In den USA waren es ab 1916 die bereits mehrfach erwähnten Submarine Chaser mit Holzrumpf der SC-1-Klasse, die ab Juli 1917 in Dienst kamen.

Wie bereits einleitend erwähnt, behielten diese ansonsten namenlosen U-Boot-Jäger mit Einführung des modernen Klassifikationssystems 1920 ihren Nummernpräfix „SC“ (Submarine Chaser) als Namensbestandteil, auch wenn die damals noch in Dienst befindlichen Einheiten nun offiziell als „PC“ klassifiziert wurden.

Mit SC-453 wurde 1940 der Prototyp für eine umfangreiche Serie von neuen U-Boot-Jäger mit Holzrumpf auf Kiel gelegt, die SC-497-Klasse. Von 1941 bis 1943 wurden 435 hiervon fertig gestellt. Wegen ihrer Holzbauweise erhielten sie den Kosenamen „Splinter Fleet“ (oder „Splinter Navy“), der allgemein für hölzerne Fahrzeuge zur Anwendung kam.

Mit der PC-461 Klasse wurde zudem eine sehr umfangreiche Zahl von U-Boot-Jäger mit Stahlrumpf 1941 bis 1944 in Bau gegeben, nicht weniger als 317 Einheiten wurden allein davon fertiggestellt. Bemerkenswerterweise wurde die Nummerierung fast sämtlicher U-Boot-Jäger bis in die 1960er Jahre durchlaufend vorgenommen, egal ob sie als „PC“ (U-Boot-Jäger mit Stahlrumpf), „PCE“ oder „PCE(R)“ (U-Boot-Jäger vom Geleiter-Typ (Rettung)), „PCS“ (U-Boot-Jäger vom Minensucher-Typ) oder eben als „SC“ klassifiziert waren. Lediglich die U-Boot-Jäger vom Schnellboot-Typ, anfänglich als „PTC“ (Motorboat Submarine Chaser) klassifiziert, erhielten eine eigene Nummernserie, wobei sie allerdings bald an die Royal Navy als Kanonenschnellboote (Motor Gunboats/MGBs) oder an die Sowjetunion abgegeben wurden bzw. noch während des Baus zu Torpedo-Schnellbooten (PT) umklassifiziert wurden.

Einzelne U-Bootjäger wurden später als amphibische Kontrollfahrzeuge (Amphibious Control Vessels) mit „PCC“, „PCE(C)“, „PCS(C)“ bzw. „SC(C)“ unter Beibehaltung ihrer Nummer umklassifiziert.

Kurioserweise erhielten die vergleichsweise großen dänischen U-Boot-Abwehr-Fregatten der *Peder Skram*-Klasse mit fast 2500 ts Verdrängung, die mit finanzieller US-Hilfe 1964-1967 in Dänemark gebaut wurden, auch noch Rumpfnummern aus der Serie für U-Boot-Jäger, die mit PC-1644 und 1645 zu den höchsten gehörten. Danach folgten nur noch drei Nummern (PC-1646 bis 1648), für die mit ca. 280 ts deutlich kleineren Schiffe der in Chile gebauten *Papudo*-Klasse, wobei der Bau der letzten beiden Einheiten aber dort 1970 storniert wurde.

Schließlich werden in diesem Abschnitt noch die als PCE klassifizierten Einheiten der U-Bootjäger vom Geleiter-Typ beschrieben, der Buchstabe „E“ stand hier für „Escort“ (PCE-842- und PCE(R)-848-Klasse). Viele dieser 640 ts großen Einheiten waren von der Navy anfangs noch als „PC“ gleicher Nummer klassifiziert worden. Sie hatten den gleichen Rumpf wie die Minensucher der *Admirable*-Klasse (AM-136-Klasse) und wurden bis 1943 in Bau gegeben, 64 davon auch fertiggestellt,

Schließlich werden auch die schon kurz erwähnten U-Boot-Jäger vom Schnellboot-Typ (PTC) behandelt. Auch Schnellboote sind, zumindest bedingt, zur U-Abwehr verwendbar. Viele wurden aber zu Fluss-Patrouillen-Fahrzeugen (RPC) umklassifiziert.

Und auch im Bereich der U-Boot-Jäger wurde mit der Tragflügeltechnologie experimentiert, die als P-Klassifikation nur für den 1963 in Dienst gestellten Prototyp USS *Highpoint* (PCH-1) zur Anwendung kam (für „Patrol Craft Hydrofoil“). Gelegentlich wird in der Navy auch die Bezeichnung Hydrofoil Submarine Chaser verwendet. 1968 stellte ein deutlich größerer Versuchs-U-Boot-Jäger vom Tragflügeltyp in Dienst, USS *Plainview* (AGEH–1), die Buchstaben standen hier für „Auxillary/General/Experimantal/Hydrofoil“, sie beinhalteten also kein „P“ für „Patrol“. Es gehört aber thematisch ganz klar hierher, weshalb es (unter Regelbruch) angebracht erschien, dieses Versuchsschiff der Kategorie Auxiliaries in diesem Buch trotzdem kurz zu behandeln.

4.4.1. U-Boot-Jäger, Holzrumpf (SC)

4.4.1.1 SC-1 -Klasse

SC-1 bis SC-448 waren 77 ts/110 Fuß-U-Boot-Jäger mit Holzrumpf und wurden im Ersten Weltkrieg gebaut (ab 1917) als „Submarine Chasers" der SC-1- Klasse, 448 Nummern wurden vergeben (SC-1 bis SC-448), 100 davon wurden für Frankreich gebaut. Sie waren etwa 33,6 m lang und hatten etwa 25 Mann Besatzung. Der Antrieb erfolgte durch drei Benzinmotoren (660 PS; drei Wellen), Geschwindigkeit 18 Knoten, die Bewaffnung bestand aus einem 7,6 cm Geschütz und Wasserbomben. Diese leicht zu bauenden Holzboote sollten vor allem dem Schutz der amerikanischen Küstenschifffahrt dienen, wurden aber auch umfangreich in europäischen Gewässern eingesetzt. Von den in großer Zahl gefertigten Booten wurden nur sieben Aufträge gestrichen und sechs nicht mehr für die U.S. Navy in Dienst gestellt. Nur sechs Einheiten gingen in Diensten der USA im Ersten Weltkrieg verloren (SC-60, 117, 132, 187, 209 und 219). Nach dem Ersten Weltkrieg folgte schnell eine massive Welle der Außerdienststellung.
Alle wurden erst mit Einführung des einheitlichen Klassifikationssystems der Navy am 17.7.1920 rückwirkend und pauschal als PC (Patrol Craft) klassifiziert, unter Beibehaltung ihrer Rumpfnummer als U-Boot-Jäger (viele waren natürlich längst aus der Flotte ausgeschieden und aus dem Schiffsregister gestrichen worden). Auch die Bezeichnung SC wurde beibehalten, allerdings nun als Name mit Präfix USS, nicht als Kennung. Aus SC-102 z.B. wurde nun offiziell: USS SC102 (PC-102) bzw. auch ausgeschrieben als USS *Submarine Caser* 102 (PC-102). Die ab 1943 als PC gebauten U-Boot-Jäger setzten dann mit der Laufnummer 449 fort.
Bei Kriegsausbruch 1939 waren nur noch acht Fahrzeuge der Klasse im Dienst, zum Teil aber mit anderen Verwendungen, und fünf, die zwischenzeitlich als private Yachten oder Fischerboote fungiert hatten, wurden im Krieg, allerdings als Hafen-Patrouillenfahrzeuge mit Kennung YP (District Patrol Craft) reaktiviert. PC-330, PC-412, PC-428, PC-431, PC-432, PC-437 und PC-440 wurden 1943 auf SC umklassifiziert, unter Beibehaltung der Rumpfnummer.

Schiffserkennung: Glattdecker (Flushdecker), Brücke etwas vor der Mitte auf langem Aufbau, ohne Schornstein, Hauptmast an Brückenhinterkante, kleiner Mast achtern.

Der Stapellauf bzw. eigentlich die Hebung ins Wasser von einen hölzernen U-Bootjäger der SC-1-Klasse, hier Submarine Chaser No. 121, aufgenommen am 29.9.1917 in der Norfolk NY.

SC-64 (PC-64) wurde bei der New York NY in Brooklyn gebaut und im Mai 1918 in Dienst gestellt, hier aufgenommen um 1926. Diese U-Boot-Jäger mit Holzrumpf („110-Feeter") wurden als Submarine Chaser No.1 bis No.448 im Ersten Weltkrieg ab 1917 in Bau gegeben, die übliche Abkürzung bzw. Benennung lautete „S.C. 1, S.C. 2" usw. Am 17. Juli 1920 führte die Navy ihr neues Klassifikationssystem offiziell ein, die U-Boot-Jäger wurden theoretisch nachträglich alle mit PC bezeichnet (PC-1 bis 448), von dieser Klasse waren aber nur mehr wenige vorhanden. Sie behielten ihre Buchstaben-Zahlen nun als quasi Namen, hatten aber zudem auch die neuen Rumpfnummern, die mit „PC" begannen, aber als Laufnummern der bisherigen S.C. So wurde zum Beispiel die nummerniedrigste erhaltene Einheit, Submarine Chaser No. 64, zu USS „S.C. 64" (PC-64).

SC-1 -Klasse (noch 13 Einheiten)	
Stapelläufe	1917 bis 1919
Wasserverdrängung	77 ts
Abmessungen (LxBxT)	33,6 x 4,1 x 1,9 m
Antrieb	Benzinmotor, 220 PS, 3 Wellen
Geschwindigkeit	18 kn
Bewaffnung	1 x 7,6 cm, 2 MG, WaBo

Bauwerften (10):
New York Navy Yard, Brooklyn, N.Y.: SC-64
Elco, Bayonne, N.J.: SC-101, 102
Gibbs Gas Engine, Jacksonville, Fl.: SC-151
Howard E. Wheeler, Brooklyn, N.Y.: SC-168, SC-440
Mare Island Navy Yard, Ca.: SC-279
Burger Boat, Manitowoc, Wi.: SC-330
Clayton Ship and Boatbuilding, N.Y.: SC-412
Mathis Yacht Building, Camden, N.J.: SC-428
Matthews Boat, Clinton, Oh.: SC-431, SC-432
Rocky River Dry Dock, Oh.: SC-437

SC-64; 1942 umklassifiziert als YW-97
SC-101; 1942 umklassifiziert als YP-180
SC-102 ex-PC-102; gesunken 2/1942 in Kolission mit AMc-62
SC-151; 1942 umklassifiziert als YP-191
SC-168; 1942 umklassifiziert als YP-178
SC-279; 1919 an US Army (V-8); 1942 u.s. navy als YP-594
SC-330 ex-PC-330
SC-412 ex-PC-412
SC-428 ex-PC-428
SC-431 ex-PC-431, ex USCGC Knudsen (CGSC-431)
SC-432 ex-PC-432
SC-437 ex-PC-437, ex USCGC Boyce (CGSC-437)
SC-440 ex-PC-440

SC-102, in Dienst gestellt am 12.3.1918, in einer Ansicht des hölzernen Rumpfes an Land. Das Schiff erhielt noch die PC-Kennung und sank vor Norfolk, Va. am 11.2.1942, nach einer Kollision mit USS „Adamant" (AMc 62).

SC-151 im Jahr 1918, ein U-Jäger, der nach dem Ersten Weltkrieg verkauft und unter dem Namen „Usona“ für zivile Zwecke adaptiert wurde. Bei Kriegsbeginn Anfang 1942 von der Navy requiriert und als YP-191 (District Patrol Craft) übernommen.

PC-412 (SC-412) von oben fotografiert im Frühjahr 1944.

SC-431 in der Norfolk NY am 22.12.1941, mit einem am Achterschiff montierten Propeller, für Tests mit einem Antrieb unabhängig von Schiffsschrauben die nicht sehr erfolgreich verliefen.

SC-131 am 20.8.1919 am Hudson River. Es war im Ersten Weltkrieg Mittelmeer gegen Österreich-Ungarn eingesetzt worden und das erste amerikanische Kriegsschiff, das nach Unterzeichnung des Waffenstillstandes 1918 in den k.u.k. Flottenstützpunkt in der Bocce di Cattaro (Bucht von Kotor) einlief. Wie so viele hölzerne U-Jäger wurde das Boot bald nach dem Krieg, im Juni 1921, auf Abbruch verkauft.

4.4.1.2 SC-449 und SC-453 -Klassen

Drei 86 ts bzw. 96 ts/110 Fuß- und 134 ts/112 Fuß-Experimental-U-Boot-Jäger mit Holzrumpf, die 1940 fertig gestellt wurden und anfänglich als „PC“ gleicher Nummer klassifiziert waren. SC-453 wurde zum Prototyp der großen Serie von hölzernen U-Boot-Jägern im Zweiten Weltkrieg. Das Schiff diente später als Flugzeug-Rettungsschiff (WAVR) der US Coast Guard und wurde nach dem Krieg an Haiti abgegeben. Alle drei Einheiten wurden im April 1943 von PC auf SC umklassifiziert, unter Beibehaltung der Rumpfnummer.

Schiffserkennung: SC-449: Glattdecker (Flushdecker) mit deutlichem Deckssprung, Geschütz auf der Back, Brücke etwas vor der Mitte auf langem Aufbau, Hauptmast an Brückenhinterkante, ein größerer Schornstein dahinter, kleiner Mast achtern. **SC-450:** ähnlich aber Backdecker ohne Deckssprung und deutlich größer und 18 Meter länger. **SC-453:** Glattdecker (Flushdecker), Brücke etwas vor der Mitte, ohne Schornstein, Hauptmast an Brückenhinterkante, kleiner Mast achtern.

SC-449, SC-450	
Stapelläufe	1940
Wasserverdrängung	86 bis 96 ts
Abmessungen (LxBxT)	33,6 x 5,6 x 2 m
Antrieb	Diesel, 5760 PS, 2 Wellen
Geschwindigkeit	19 kn
Bewaffnung	1 x 7,6 cm, 2 MG, Hedgehog, WaBo

Bauwerften (2):
Luders Marine Construction Co., Stamford, Ct.: SC-449
American Car and Foundry Co., Wilmington, De: SC-450

SC-449 ex-PC-449
SC-450 ex-PC-450

SC-449 war der Versuchstyp eines hölzernen U-Jägers, Ergebnis eines Designwettbewerbs, der kurz vor Kriegsbeginn bei Luders Marine Construction Co. in Stamford, Ct. auf Kiel gelegt wurde, konkret im Juli 1939. Diese Zeichnung des ersten baulich umgesetzten Nachkriegsentwurfs eines SC wurde auch als Postkarte vertrieben.

SC-450, im August 1939 bei American Car and Foundry Co. in Wilmington, De. auf Kiel gelegt, entstand ebenfalls aus einem Designwettbewerb für neue hölzerne U-Jäger. Von der Navy in drei „experimental classes“ geführt (SC-449/450, 451/452 und 453), sind die Boote SC-449 bis 453 hier der Übersichtlichkeit wegen als Vorkriegs-Prototypen mit Holzrumpf zusammengefasst. So einfach der Bau dieser und ähnlicher Typen auch war und so vielfältig sie verwendet werden konnten, haben sie sich doch für die eigentlich gebaute Aufgabe der U-Bootjagd kaum bewährt; sie waren einfach zu klein dafür, es mangelte u.a. auch an der Wendigkeit bei schwerer See.

SC-453	
Stapelläufe	1941
Wasserverdrängung	134 ts
Abmessungen (LxBxT)	34 x 5,1 x 1,9 m
Antrieb	Diesel, 1540 PS, 2 Wellen
Geschwindigkeit	19 kn
Bewaffnung	1 x 4 cm

Bauwerft (1):
Fisher Boat Works, Detroit, Mi

SC-453 ex-PC-453; 1945 an USCGC Air Avocet (WAVR-411), 1946 an Haiti

SC-453 wurde zum Prototyp der späteren U-Boot-Jäger-Großserie mit Holzrumpf im Zweiten Weltkrieg, von denen ab 1940 über 435 gebaut wurden (SC-497-Klasse). Sie waren anfänglich als „PC“ klassifiziert, das Bild zeigt den Bauzustand von PC-453 bei Fisher Boat Works in Detroit, Mi. am 7.11.1940. Die Indienststellung erfolgte am 12.8.1941 als PC-453, im April 1943 die Umbenennung in SC-453. Die Schiffe mit Holzrumpf wurden im Navy-Jargon die „Splinter Fleet“ genannt, die „Splitter-Flotte“.

Ein Navy-Foto vom PC-453, das im September 1940 bei Fisher Boat Works in Detroit, Mi. auf Kiel gelegt wurde. Es wurde zum eigentlichen Prototyp des hölzernen U-Boot-Jägers der U.S. Navy im Zweiten Weltkrieg. Die Aufnahme stammt wahrscheinlich von den Probefahrten 1940. Das Boot wurde 1945 von der Küstenwache als USCGC „Air Avocet“ (WAVR-411) übernommen und 1947 an Haiti abgegeben.

4.4.1.3 SC-497 -Klasse

Der Prototyp für diese umfangreiche Klasse war das Versuchsboot SC-453. Die 148 ts/110 Fuß-U-Boot-Jäger mit Holzrumpf innerhalb der Kennungen zwischen SC-497 bis SC-1545 (SC-497-541, 628-775, 977-1076, 1266-1375, 1474-1517 und 1632-1634) wurden 1941 bis 1943 in Bau gegeben, 435 hiervon wurden fertig gestellt, 36 hiervon später als amphibische Kontrollfahrzeuge (SCC) klassifiziert, 65 später der US Coast Guard abgegeben (als Flugzeug-Rettungsschiffe mit Klassifikation WAVR). Acht wurden als Motor-Kanonenboote (PGM) fertiggestellt. Viele wurden anfänglich auch als „PC" gleicher Nummer klassifiziert (und 1943 auf SC umklassifiziert). 13 Einheiten gingen im Krieg verloren.

78 wurden im Krieg an die Sowjetunion abgegeben und führten dort die Buchstabenkennungen BO plus Nummer. 50 Einheiten wurden im Krieg an die französische Exilmarine abgegeben und dort mit der Kennung CH geführt. Eine weitere Einheit folgte nach dem Krieg zur Verwendung in Indochina (über Frankreich kam später auch je ein Schiff an die Elfenbeinküste und nach Senegal).

Insgesamt 15 Einheiten gingen an die Philippinen, je acht an Nationalchina und acht an Brasilien, fünf an Kuba, drei an Norwegen, je zwei an die Dominikanische Republik und Haiti und eine an Spanien.

Nachkriegsbauten: Drei weitere U-Jäger mit Holzrumpf (SC-1632 bis SC-1634) wurden 1954-1955 mit finanzieller US-Hilfe in den USA für Thailand gebaut. Diese verdrängten 21 ts mehr und waren 3 Meter länger als das Ursprungsmodell, schiffbaulich aber ansonsten gleich.

Schiffserkennung: Glattdecker (Flushdecker), Geschütz auf der Back, Brücke deutlich vor der Mitte, ohne Schornstein, Hauptmast an Brückenhinterkante, kein Mast achtern.

SC-497 -Klasse (431 Einheiten)	
Stapelläufe	1941 bis 1955
Wasserverdrängung	148 ts
Abmessungen (LxBxT)	33,6 x 5,2 x 2 m
Antrieb	Diesel,1760 PS, 2 Wellen
Geschwindigkeit	19 kn
Bewaffnung	1 x 4 cm, 2 MG, WaBo

Bauwerften (43):

Westergard Boat Works, Rockport, Tx.: SC-497, 498, 530, 531, 650, 651, 654, 655

Fisher Boat Works, Detroit, Mi.: SC-499, 500, 662, 663, 712-721, 1347-1350

Seabrook Yacht Corp., Houston, Tx.: SC-501, 502, 768-771

Rice Brothers Corp., East Boothbay, Me.: SC-503, 504, 1039-1046, 1341-1346, 1480-1483

Luders Marine Construction Co., Stamford, Ct.: SC-505, 506, 532-535, 1013-1022, 1355-1357

Mathis Yacht Building Co., Camden, N.J.: SC-507-510, 524-529, 630-635, 1023-1028, 1067-1076

American Cruiser Co., Detroit, Mi.: SC-511, 512, 658, 659, 658, 659, 682-687

Quincy Adams Yacht Yard, Quincy, Ma.: SC-513, 514, 628, 629, 744-751, 1266-1275, 1474-1479

Elizabeth City Shipyard, Elizabeth City, N.C.: SC-515-518, 638-641, 704-709, 1276-1287,1488-1491

Vineyard SB Co., Milford, De.: SC-519, 520, 636, 637, 981-984, 1351-1354, 1496, 1497

Peterson Boat Works, Sturgeon Bay, Wi.: SC-536-539, 1031-1038

Robinson Marine Construction Co., Benton Harbor, Mi.: SC-540, 541, 646, 647, 752-759,

Julius Peterson, Nyack, N.Y.: SC-642-645, 652, 653, 738-743, 1315-1320, 1517, (1518-1545)

Delaware Bay Shipbuilding Co., Leesburg, NJ.: SC- 648, 649, 698-703, 1325-1332

Snow SY, Inc., Rockland, Me.: SC-656, 657

Burger Boat Co., Manitowoc, Wi.: SC-660, 661

Die SC- bzw. PC-497-Klasse steht für die Massenproduktion hölzerner U-Jäger der U.S. Navy im Zweiten Weltkrieg, die 1941 bis 1943 in Auftrag gegeben wurden, über 435 hiervon wurden fertiggestellt. PC-498, das zweite Boot der Klasse, wurde 1941 auf Kiel gelegt, 1942 in Dienst gestellt und im April 1943 auf SC-498 umklassifiziert. Hier in Vorbereitung einer Brennstoffübernahme fotografiert. Das Boot wurde im Oktober 1944 an die französische Exilmarine abgebeben.

SC-532 während der Invasion von Salerno im September 1943, rechts im Bild der (hölzerne) Minensucher YMS-24.

Dachel-Carter SB Corp., Benton Harbor, Mi.: SC-664, 665
Weaver SY, Orange, Tx: SC-666, 667
Daytona Beach Boat Works, Inc., Daytona Beach, Fl: SC-668, 669, 694-697, 1302-1308
Inland Waterways, Inc., Duluth, Mn: SC-670, 671, 1059, 1060, 1484-1487
Thomas Knutson SB Corp., Halesite, Long Island, N.Y.: 672, 673, 678-681, 1333-1340, 1498-1501
Hiltebrant DD Co., Kingston, N.Y.: SC-674, 675, 730-733
W. A. Robinson Inc., Ipswich, Ma: SC-676, 677, 760-767, 1288-1297
Annapolis Yacht Yard Inc., Annapolis, Md.: SC-688-691, 1309-1314
Calderwood Yacht Yard Inc., Manchester, Ma.: SC-692, 693, 1358-1361, 1502, 1503
Dooley's Basin and DD Co., Fort Lauderdale, Fl.: SC-710, 711
Harbor Boat Building Co., Terminal Island, Ca.: SC-722-729
Al Larson Boat Shop, Inc., Terminal Island, Ca.: SC-734, 735
Liberty DD Co., Inc., Brooklyn, N.Y.: SC-736, 737
The Peyton Co., Newport Beach, Ca.: SC-772-775, 1362-1365
Simms Bros., Dorchester, Ma.: SC- 977-980, 1492-1495
John E. Matton and Son, Inc., Cohoes, N.Y.: 985-989
George W. Kneass Co., San Francisco, Ca.: 990-995
Island Docks, Inc., Kingston, N.Y.: SC-996-999
Dingle Boat Works, St. Paul, Mn: SC-1000-1002,
Fellows and Stewart, Inc., Wilmington, Ca.: SC-1003-1012, 1370-1375
Donovan Contracting Co., Shelburne Harbor, Vt: SC-1029, 1030, 1504-1506
Ventnor Boat Works Inc., West Atlantic, N.J.: SC-1047-1052
Wilmington Boat Works, Inc., Wilmington, Wa.: SC-1053-1056, 1366-1369
Gulf Marine Ways, Inc., Galveston, Tx.: SC-1057, 1058
Harris and Parsons Inc., East Greenwich, R.I: SC-1061, 1062, 1321-1324, 1507-1509
Ventura SB Corp., Newport Beach, Ca: SC-1063, 1064
Perkins and Vaughn Inc., Wickford, R.I.: SC-1065, 1066, 1298-1301, 1510-1516

South Coast Co., Newport Beach, Ca.: SC-1632-1634

SC-497 ex-PC-497; 1944 an französische Exilmarine
SC-498 ex-PC-498; 1944 an französische Exilmarine
SC-499 ex-PC-499; 1945 USCGC Air Brant (WAVR-412)
SC-500 ex-PC-500, 1945 an UdSSR
SC-501 ex-PC-501; benannt & umklassifiziert als Racer (IX 100)
SC-502 ex-PC-502
SC-503 ex-PC-503; 1944 an französische Exilmarine
SC-504 ex-PC-504
SC-505 ex-PC-505
SC-506 ex-PC-506; 1944 an französische Exilmarine
SC-507 ex-PC-507; 1944 an französische Exilmarine
SC-508 ex-PC-508; 1944 an französische Exilmarine
PC-509; benannt und umklassifiziert als Valiant (PYc-51)
PC-510; umklassifiziert als YP-105
SC-511 ex-PC-511; 1945 USCGC Air Brant (WAVR-412)
SC-512 ex-PC-512; 1945 USCGC Air Condor (WAVR-414)
SC-513 ex-PC-513
SC-514 ex-PC-514
SC-515 ex-PC-515; 1944 an französische Exilmarine
SC-516 ex-PC-516; 1944 an französische Exilmarine
SC-517 ex-PC-517; 1944 an französische Exilmarine
SC-518 ex-PC-518
SC-519 ex-PC-519; 1944 an französische Exilmarine
SC-520 ex-PC-520
SC-521 ex-PC-521; 7/1945 Strandung (Salomonen)
SC-522 ex-PC-522; 1944 an französische Exilmarine
SC-524 ex-PC-524; 1944 an französische Exilmarine
SC-525 ex-PC-525; 1944 an französische Exilmarine
SC-526 ex-PC-526; 1944 an französische Exilmarine

SC-508 und SC-669 der SC- bzw. PC-497-Klasse auf der Charleston Navy Yard am 10.8.1942.

PC-636 (später SC-636) nach dem Stapellauf, zur Ausrüstung bei der Vinyard Shipbuilding Co., Milford, Del., 14.5.1942. Der Bau der Schiffe war einfach und konnte auch auf zahlreichen kleinen Werften im ganzen Land durchgeführt werden.

SC-658 (ex PC-658) der PC-497-Klasse in einer Breitseitaufnahme, ungefähr bei Kriegsende.

SC-527 ex-PC-527
SC-528 ex-PC-528
SC-529 ex-PC-529; 1944 an französische Exilmarine
SC-530 ex-PC-530; 1944 an französische Exilmarine
SC-531 ex-PC-531
SC-532 ex-PC-532; 1944 an französische Exilmarine
SC-533 ex-PC-533; 1944 an französische Exilmarine
SC-534 ex-PC-534; 1944 an französische Exilmarine
SC-535 ex-PC-535; 1944 an französische Exilmarine
SC-536 ex-PC-536
SC-537 ex-PC-537, 1945 an UdSSR
SC-538 ex-PC-538, 1945 an UdSSR
SC-539 ex-PC-539; 1945 USCGC Air Crow (WAVR-416)
SC-540 ex-PC-540; 1945 USCGC Air Curlew (WAVR-417)
SC-541 ex-PC-541; 1945 USCGS Air Drake (WAVR-418)
SC / SCC-628 ex-PC-628
SC / SCC-629 ex-PC-629
SC / SCC-630 ex-PC-630
SC-631 ex-PC-631
SC-632 ex-PC-632
SC-633 ex-PC-633
SC-634 ex-PC-634; an UdSSR 1945

SC-738 (ex PC-738) bei Buna, New Guinea am 15.6.1943.

SC-635 ex-PC-635; 1945 USCGC Air Eider (WAVR-419)
SC-636 ex-PC-636
SC-637 ex-PC-637
SC-638 ex-PC-638; 1944 an französische Exilmarine
SC-639 ex-PC-639; 1944 an französische Exilmarine
SC-640 ex-PC-640
SC-641 ex-PC-641
SC-642 ex-PC-642; 1946 USCGC Air Egret (WAVR- 420)
SC-643 ex-PC-643; an UdSSR 1945
SC-644 ex-PC-644; 1943 umklassifiziert als PGM-1
SC-645 ex-PC-645
SC-646 ex-PC-646; an UdSSR 1945
SC-647 ex-PC-647; an UdSSR 1945
SC-648 ex-PC-648, an Nationalchina 1948
SC-649 ex-PC-649; 1944 an französische Exilmarine
SC-650 ex-PC-650
SC-651 ex-PC-651; 1944 an französische Exilmarine
SC-652 ex-PC-652
SC-653 ex-PC-653; 1945 USCGC Air Falcon (WAVR-421)
SC-654 ex-PC-654
SC-655 ex-PC-655; 1944 an französische Exilmarine
SC-656 ex-PC-656; 1946 USCGC Air Finch (WAVR-422)
SC-657 ex-PC-657; an UdSSR 1945
SC-658 ex-PC-658; 1949 an Frankreich (Indochina)
SC-659 ex-PC-659; 1945 USCGC Air Gannett (WAVR-423)
SC-660 ex-PC-660; an UdSSR 1945
SC-661 ex-PC-661; an UdSSR 1945
SC-662 ex-PC-662; 1945 USCGC Air Goose (WAVR-424)
SC-663 ex-PC-663; an UdSSR 1945
SC-664 ex-PC-664
SC-665 ex-PC-665
SC-666 ex-PC-666; 1944 an französische Exilmarine
SC / SCC-667 ex-PC-667
SC-668 ex-PC-668
SC-669 ex-PC-669
SC-670 ex-PC-670; 1946 USCGC Air Grebe (WAVR-426)
SC-671 ex-PC-671
SC-672 ex-PC-672; 1945 USCGC Air Gull (WAVR-427)
SC-673 ex-PC-673; an UdSSR 1945
SC-674 ex-PC-674; an UdSSR 1945
SC-675 ex-PC-675; an UdSSR 1945
SC-676 ex-PC-676; 1944 an französische Exilmarine
SC-677 ex-PC-677
SC-678 ex-PC-678
SC-679 ex-PC-679, an Spanien 1956 (Candido Perez)
SC-680 ex-PC-680
SC-681 ex-PC-681
SC-682 ex-PC-682, 1945 USCGC Air Hawk (WAVR-428)
SC-683 ex-PC-683; 1945 an Norwegen (Hessa)
SC-684 ex-PC-684; 1945 USCGC Air Heron (WAVR 429)
SC-685 ex-PC-685; an UdSSR 1945
SC / SCC-686 ex-PC-686
SC-687 ex-PC-687 an UdSSR 1945
SC-688 ex-PC-688
SC-689 ex-PC-689
SC-690 ex-PC-690; 1944 an französische Exilmarine
SC-691 ex-PC-691; 1944 an französische Exilmarine
SC-692 ex-PC-692; 1944 an französische Exilmarine
SC-693 ex-PC-693; 1944 an französische Exilmarine
SC-694 ex-PC-694; 8/1943 versenkt durch dt. Fliegerbombe (Sizilien)
SC-695 ex-PC-695; 1944 an französische Exilmarine
SC-696 ex-PC-696; 8/1943 versenkt durch dt. Fliegerbombe
SC-697 ex-PC-697; 1944 an französische Exilmarine
SC-698 ex-PC-698, an Nationalchina 1949
SC-699 ex-PC-699; an Philippinen 1948
SC-700 ex-PC-700; 3/1944 ausgebrannt (Salomonen)
SC-701 ex-PC-701
SC-702 ex-PC-702
SC-703 ex-PC-703

PC-1009, ab April 1943 SC-1009, in einer Breitseitaufnahme in hoher Fahrt im Zweiten Weltkrieg. 1945 als USCGC Air Pelican (WAVR-446) kurz für Küstenwache in Dienst, 1946 ausgemustert.

SC-704 ex-PC-704, an Nationalchina 1947
SC-705 ex-PC-705
SC-706 ex-PC-706
SC-707 ex-PC-707
SC-708 ex-PC-708, an Nationalchina 1947
SC-709 ex-PC-709; 1/1943 Strandung (Nova Scotia)
SC-710 ex-PC-710; 1945 USCGC Air Ibis (WAVR-430)
SC-711 ex-PC-711; 1945 USCGC Air Jay (WAVR-431)
SC / SCC-712 ex-PC-712
SC-713 ex-PC-713; an UdSSR 1945
SC-714 ex-PC-714
SC-715 ex-PC-715
SC-716 ex-PC-716
SC-717 ex-PC-717; USCGC Air Lapwing (WAVR-434)
SC-718 ex-PC-718, an Norwegen 1945 (Hitra)
SC-719 ex-PC-719; an UdSSR 1945
SC-720 ex-PC-720; an UdSSR 1945
SC-721 ex-PC-721; an UdSSR 1945
SC-722 ex-PC-722, an Nationalchina 1948
SC-723 ex-PC-723, an Nationalchina 1948
SC /SCC-724 ex-PC-724
SC-725 ex-PC-725
SC-726 ex-PC-726
SC / SCC-727 ex-PC-727
SC-728 ex-PC-728
SC-729 ex-PC-729
SC-730 ex-PC-730
SC-731 ex-PC-731; an Philippinen 1948
SC-732 ex-PC-732; an Philippinen 1948
SC-733 ex-PC-733
SC-734 ex-PC-734
SC-735 ex-PC-735, an Nationalchina 1948
SC-736 ex-PC-736; an Philippinen 1948
SC-737 ex-PC-737
SC-738 ex-PC-738
SC-739 ex-PC-739; an Philippinen 1948
SC-740 ex-PC-740; 6/1943 Strandung
SC-741 ex-PC-741
SC-742 ex-PC-742; an Philippinen 1948
SC-743 ex-PC-743; an Philippinen 1948
SC-744 ex-PC-744; 11/1944 durch Kamikaze versenkt (Leyte)
SC-745 ex-PC-745
SC-746 ex-PC-746
SC-747 ex-PC-747; an Philippinen 1948
SC-748 ex-PC-748
SC-749 ex-PC-749
SC-750 ex-PC-750; an Philippinen 1948
SC-751 ex-PC-751; 6/1943 Strandung (Australien)
SC-752 ex-PC-752; an UdSSR 1945
SC-753 ex-PC-753; 1945 USCGC Air Linnet (WAVR-435)
SC-754 ex-PC-754; an UdSSR 1945
SC-755 ex-PC-755
SC-756 ex-PC-756; an UdSSR 1945
SC-757 ex-PC-757; 1943 umklassifiziert als PGM-2
SC-758 ex-PC-758; 1946 USCGC Air Loon (WAVR-436)
SC-759 ex-PC-759

SC-1284 (ex PC-1284) bei der Übergabe an die Sowjetflotte 1943.

SC / SCC-760 ex-PC-760
SC-761 ex-PC-761
SC-762 ex-PC-762; an Brasilien 1942
SC-763 ex-PC-763; an Brasilien 1942
SC-764 ex-PC-764; an Brasilien 1942
SC-765 ex-PC-765; an Brasilien 1943
SC-766 ex-PC-766; an Brasilien 1942
SC-767 ex-PC-767; an Brasilien 1943
SC-768 ex-PC-768
SC-769 ex-PC-769; an Philippinen 1947
SC-770 ex-PC-770; 1944 an französische Exilmarine
SC-771 ex-PC-771; 1944 an französische Exilmarine
SC-772 ex-PC-772; 1945 USCGC Air Mallard (WAVR-437)
SC-773 ex-PC-773
SC-774 ex-PC-774; an UdSSR 1945
SC-775 ex-PC-775; 1946 USCGC Air Martin (WAVR-438)
SC-977 ex-PC-977; 1944 an französische Exilmarine
SC-978 ex-PC-978; 1944 an französische Exilmarine
SC-979 ex-PC-979; 1944 an französische Exilmarine
SC-980 ex-PC-980
SC-981 ex-PC-981
SC-982 ex-PC-982; an Philippinen 1948
SC-983 ex-PC-983
SC-984 ex-PC-984; 4/1944 Strandung (Neue Hebriden)
SC-985 ex-PC-985; 1945 USCGC Air Merlin (WAVR-439)
SC-986 ex-PC-986; an UdSSR 1945
SC-987 ex-PC-987; 1945 USCGC Air Oriole (WAVR-440)
SC-988 ex-PC-988; 1945 USS Air Owl (WAVR-441)
SC-989 ex-PC-989; 1945 USCGC Air Parakeet (WAVR-442)
SC-990 ex-PC-990
SC-991 ex-PC-991
SC-992 ex-PC-992
SC-993 ex-PC-993
SC-994 ex-PC-994
SC-995 ex-PC-995
SC-996 ex-PC-996; 1945 USCGC Air Parrot (WAVR-443)
SC-997 ex-PC-997; an UdSSR 1945
SC-998 ex-PC-998
SC / SCC-999 ex-PC-999
SC-1000 ex-PC-1000; 1947 an Kuba
SC-1001 ex-PC-1001; 1947 an Kuba
SC-1002 ex-PC-1002
SC-1003 ex-PC-1003; 1945 USCGC Air Partridge (WAVR-444)
SC-1004 ex-PC-1004; 1946 USCGC Air Peacock (WAVR-445)
SC-1005 ex-PC-1005
SC-1006 ex-PC-1006
SC-1007 ex-PC-1007; an UdSSR 1945
SC-1008 ex-PC-1008
SC-1009 ex-PC-1009; 1945 USCGC Air Pelican (WAVR-446)
SC-1010 ex-PC-1010; 1945 USCGC Air Penguin (WAVR-447)
SC-1011 ex-PC-1011; an UdSSR 1945
SC / SCC-1012 ex-PC-1012
SC-1013 ex-PC-1013; 1945 USCGC Air Petrel (WAVR-448)
SC-1014 ex-PC-1014
SC-1015 ex-PC-1015; 1945 USCGC Air Pheasant (WAVR 449)
SC-1016 ex-PC-1016; 1945 USCGC Air Phoebe (WAVR 450)
SC-1017 ex-PC-1017; 1945 USCGC Air Pigeon (WAVR 451)
SC / SCC-1018 ex-PC-1018
SC-1019 ex-PC-1019; 4/1945 Strandung
SC / SCC-1020 ex-PC-1020
SC-1021 ex-PC-1021; an UdSSR 1945
SC-1022 ex-PC-1022; 1945 USCGC Air Piper (WAVR-452)
SC-1023 ex-PC-1023; 1945 USCGC Air Plover (WAVR-453)
SC-1024 ex-PC-1024; 3/1943 nach Kollision SS Cities Service Fuel gesunken (N. Carolina)
SC-1025 ex-PC-1025
SC-1026 ex-PC-1026
SC-1027 ex-PC-1027; 1945 USCGC Air Puffin (WAVR-454)
SC-1028 ex-PC-1028; 1945 USCGC Air Quail (WAVR-455)
SC-1029 ex-PC-1029; 1944 an französische Exilmarine

SC-1030 ex-PC-1030; 1944 an französische Exilmarine
SC-1031 ex-PC-1031; an UdSSR 1945
SC-1032 ex-PC-1032; 1945 USCGC Air Raven (WAVR-456)
SC-1033 ex-PC-1033; 1945 USCGC Air Redwing (WAVR-457)
SC-1034 ex-PC-1034
SC-1035 ex-PC-1035; 1943 umklassifiziert als PGM-3
SC-1036 ex-PC-1036
SC-1037 ex-PC-1037; 1946 USCGC Air Robin (WAVR-458)
SC-1038 ex-PC-1038; 1946 USCGC Air Rook (WAVR-459)
SC-1039 ex-PC-1039
SC-1040 ex-PC-1040
SC-1041 ex-PC-1041
SC-1042 ex-PC-1042
SC-1043 ex-PC-1043; 1944 an französische Exilmarine
SC-1044 ex-PC-1044; 1944 an französische Exilmarine
SC-1045 ex-PC-1045
SC-1046 ex-PC-1046
SC-1047 ex-PC-1047
SC-1048 ex-PC-1048
SC / SCC-1049 ex-PC-1049
SC-1050 ex-PC-1050
SC-1051 ex-PC-1051
SC-1052 ex-PC-1052
SC-1053 ex-PC-1053; 1943 umklassifiziert als PGM-4
SC-1054 ex-PC-1054; 1946 USCGC Air Ruff (WAVR-460)
SC-1055 ex-PC-1055; 1945 USCGC Air Sheldrake (WAVR-461)
SC-1056 ex-PC-1056; 1943 umklassifiziert als PGM-5
SC-1057 ex-PC-1057
SC-1058 ex-PC-1058
SC-1059 ex-PC-1059; 12/1944 Strandung
SC-1060 ex-PC-1060; an UdSSR 1945
SC-1061 ex-PC-1061, an Norwegen 1945 (Vigra)
SC-1062 ex-PC-1062; 1945 USCGC Air Shrike (WAVR-462)
SC-1063 ex-PC-1063; 1945 USCGC Air Skimmer (WAVR-463)
SC-1064 ex-PC-1064, 1945 USCGC Air Skylark (WAVR-464), dann Haiti
SC-1065 ex-PC-1065
SC / SCC-1066 ex-PC-1066
SC-1067 ex-PC-1067; 11/1943 Strandung (Aleuten)
SC-1068 ex-PC-1068; 1946 USCGC Air Snipe (WAVR-465)
SC-1069 ex-PC-1069; 1945 USCGC Air Sparrow (WAVR-466)
SC-1070 ex-PC-1070; 1945 USCGC Air Starling (WAVR-467)
SC-1071 ex-PC-1071; 1943 umklassifiziert als PGM-6
SC-1072 ex-PC-1072; 1943 umklassifiziert als PGM-7
SC-1073 ex-PC-1073; an UdSSR 1943
SC-1074 ex-PC-1074; an UdSSR 1943
SC-1075 ex-PC-1075; an UdSSR 1943
SC-1076 ex-PC-1076; an UdSSR 1945
SC-1266 ex-PC-1266
SC-1267 ex-PC-1267; an Philippinen 1948
SC-1268 ex-PC-1268
SC-1269 ex-PC-1269; an Philippinen 1948
SC-1270 ex-PC-1270
SC-1271 ex-PC-1271
SC / SCC-1272 ex-PC-1272
SC / SCC-1273 ex-PC-1273
SC-1274 ex-PC-1274; an Philippinen 1948
SC-1275 ex-PC-1275
SC-1276 ex-PC-1276
SC-1277 ex-PC-1277
SC / SCC-1278 ex-PC-1278; an Philippinen 1948
SC-1279 ex-PC-1279
SC-1280 ex-PC-1280
SC / SCC-1281 ex-PC-1281
SC-1282 ex-PC-1282
SC-1283 ex-PC-1283; an UdSSR 1943
SC-1284 ex-PC-1284; an UdSSR 1943
SC-1285 ex-PC-1285; an UdSSR 1943
SC-1286 ex-PC-1286; an UdSSR 1943
SC-1287 ex-PC-1287; an UdSSR 1943
SC-1288 ex-PC-1288, an Brasilien 1943
SC-1289 ex-PC-1289, an Brasilien 1943
SC-1290 ex-PC-1290, an Kuba 1947
SC-1291 ex-PC-1291, an Kuba 1947
SC-1292 ex-PC-1292
SC-1293 ex-PC-1293
SC-1294 ex-PC-1294
SC-1295 ex-PC-1295; an UdSSR 1945
SC-1296 ex-PC-1296; 1945 USCGC Air Stork (WAVR-468)
SC-1297 ex-PC-1297; 1945 USCGC Air Swallow (WAVR-469)
SC / SCC-1298 ex-PC-1298
SC-1299 ex-PC-1299
SC-1300 ex-PC-1300
SC-1301 ex-PC-1301, an Kuba 1947
SC-1302 ex-PC-1302
SC-1303 ex-PC-1303
SC-1304 ex-PC-1304
SC-1305 ex-PC-1305
SC / SCC-1306 ex-PC-1306
SC-1307 ex-PC-1307
SC-1308 ex-PC-1308
SC / SCC-1309 ex-PC-1309
SC-1310 ex-PC-1310
SC / SCC-1311 ex-PC-1311
SC / SCC-1312 ex-PC-1312
SC-1313 ex-PC-1313
SC / SCC-1314 ex-PC-1314
SC / SCC-1315 ex-PC-1315
SC / SCC-1316 ex-PC-1316
SC-1317 ex-PC-1317
SC-1318 ex-PC-1318
SC-1319 ex-PC-1319

SC-1320 ex-PC-1320
SC-1321 ex-PC-1321
SC-1322 ex-PC-1322
SC / SCC-1323 ex-PC-1323
SC-1324 ex-PC-1324; an UdSSR 1945
SC / SCC-1325 ex-PC-1325
SC / SCC-1326 ex-PC-1326
SC-1327 ex-PC-1327
SC-1328 ex-PC-1328
SC-1329 ex-PC-1329; 1946 USCGC Air Scoter (WAVR-482)
SC-1330 ex-PC-1330
SC-1331 ex-PC-1331; 1944 an französische Exilmarine
SC-1332 ex-PC-1332
SC-1333 ex-PC-1333
SC-1334 ex-PC-1334
SC-1335 ex-PC-1335; 1943 an französische Exilmarine
SC-1336 ex-PC-1336; 1943 an französische Exilmarine
SC-1337 ex-PC-1337; 1943 an französische Exilmarine, 1961 Elfenbeinküste
SC / SCC-1338 ex-PC-1338
SC-1339 ex-PC-1339; 1945 USCGC Air Scaup (WAVR-481)
SC-1340 ex-PC-1340; 1945 USCGC Air Swift (WAVR-471)
SC / SCC-1341 ex-PC-1341
SC-1342 ex-PC-1342
SC-1343 ex-PC-1343
SC-1344 ex-PC-1344; 1943 an französische Exilmarine, 1962 Senegal
SC-1345 ex-PC-1345; 1943 an französische Exilmarine
SC-1346 ex-PC-1346; 1944 an französische Exilmarine
SC-1347 ex-PC-1347; 1945 USCGC Air Tanager (WAVR-472)
SC-1348 ex-PC-1348, USCGC Air Teal (WAVR-473), dann Haiti
SC / SCC-1349 ex-PC-1349
SC / SCC-1350 ex-PC-1350
SC-1351 ex-PC-1351, an Dominikanische Republik 1946
SC-1352 ex-PC-1352
SC-1353 ex-PC-1353, an Dominikanische Republik 1946
SC-1354 ex-PC-1354
SC-1355 ex-PC-1355; 1945 USCGC Air Tern (WAVR-474)
SC-1356 ex-PC-1356; 1945 USCGC Air Thrush (WAVR-475)
SC-1357 ex-PC-1357; 1945 USCGC Air Toucan (WAVR-476)
SC-1358 ex-PC-1358; 1946 USC&GS Stirni
SC-1359 ex-PC-1359; 1944 an französische Exilmarine
SC / SCC-1360 ex-PC-1360
SC-1361 ex-PC-1361; 1945 USC&GS Bowen
SC-1362 ex-PC-1362; 1946 USCGC Air Warbler (WAVR-477)
SC-1363 ex-PC-1363
SC-1364 ex-PC-1364; an UdSSR 1945
SC-1365 ex-PC-1365; an UdSSR 1945
SC-1366 ex-PC-1366; 1943 umklassifiziert als PGM-8
SC-1367 ex-PC-1367; 1946
SC-1368 ex-PC-1368
SC-1369 ex-PC-1369; 1948 USCGC Air Willet (WAVR-479)
SC-1370 ex-PC-1370
SC-1371 ex-PC-1371
SC-1372 ex-PC-1372
SC-1373 ex-PC-1373; 1946 USCGC Air Wren (WAVR-480)
SC-1374 ex-PC-1374
SC-1375 ex-PC-1375
SC / SCC-1474
SC-1475; an UdSSR 1944
SC-1476; an UdSSR 1944
SC-1477; an UdSSR 1944
SC-1478; an UdSSR 1944
SC-1479; an UdSSR 1944
SC-1480; an UdSSR 1944
SC-1481; an UdSSR 1944
SC-1482; an UdSSR 1944
SC-1483; an UdSSR 1944
SC-1484; an UdSSR 1944
SC-1485; an UdSSR 1944
SC-1486; an UdSSR 1944
SC-1487; an UdSSR 1944
SC-1488; an UdSSR 1944
SC-1489; an UdSSR 1944
SC-1490; an UdSSR 1944
SC-1491; an UdSSR 1944
SC-1492; an UdSSR 1944
SC-1493; an UdSSR 1944
SC-1494 und SC-1495; Bau storniert September 1943
SC-1496; an UdSSR 1944
SC-1497; an UdSSR 1944
SC-1498; an UdSSR 1944
SC-1499; an UdSSR 1944
SC-1500 und SC-1501; Bau storniert September 1943
SC-1502; an UdSSR 1944
SC-1503; an UdSSR 1944
SC-1504; an UdSSR 1944
SC-1505; an UdSSR 1944
SC-1506; an UdSSR 1944
SC-1507; an UdSSR 1944
SC-1508; an UdSSR 1944
SC-1509; Bau storniert September 1943
SC-1510; an UdSSR 1944
SC-1511; an UdSSR 1944
SC-1512; an UdSSR 1944
SC-1513 bis SC-1516; Bau storniert September 1943
SC-1517; an UdSSR 1944
SC-1518 bis SC-1545; Bau storniert September 1943

SC-1632 gebaut in USA für Thailand als SC 31
SC-1633 gebaut in USA für Thailand als SC 32
SC-1634 gebaut in USA für Thailand als SC 33

4.4.1.4 SC-1466 -Klasse

Die acht 76 ts/112 Fuß-U-Boot-Jäger mit Holzrumpf SC-1466 bis SC-1473 waren in Kanada gebaute Motorboote vom Typ britischer Fairmile-Motorlaunches (ML), von denen drei bald an Mexiko abgegeben wurden. Auch diese Boote wurden anfänglich alle als „PC“ gleicher Nummer klassifiziert.

Schiffserkennung: Glattdecker (Flushdecker), Geschütz auf der Back, Brücke deutlich vor der Mitte, Hauptmast an Brückenhinterkante, dahinter ein kleinerer Schornstein, kein Mast achtern.

SC-1466 bis SC-1473	
Stapelläufe	1942
Wasserverdrängung	76 ts
Abmessungen (LxBxT)	34,2 x 5,5 x 1,9 m
Antrieb	Benzinmotoren,1260 PS, 2 Wellen
Geschwindigkeit	15 kn
Bewaffnung	2 x 4 cm, 2 MG, WaBo

SC-1472 der SC-1466-Klasse (SC-1466 bis SC-1473), in Kanada gebaute Holzboote nach britischem Design (Fairmile B Motor Launch). Acht solche Fairmiles ML (Q 392 bis Q 399) wurden von der Le Blanc Shipbuilding Co. in Weymouth, Nova Scotia für die Royal Navy gebaut und dann an die U.S. Navy übergeben. Hier Q 053, ein Boot vom kanadisch-britischen Typ Fairmile B, das selbst aber nicht an die U.S. Navy überstellt wurde (Foto Royal Canadian Navy).

<u>**Bauwerft (1):**</u>
Leblanc Shipbuilding Co., Weymouth, Nova Scotia, Kanada: SC-1466-1473

SC-1466 ex-PC-1466, ex HMC ML-392, an Mexiko 1943
SC-1467 ex-PC-1467 ex HMC ML-393
SC-1468 ex-PC-1468 ex HMC ML-394
SC-1469 ex-PC-1469 ex HMC ML-395, an Mexiko 1943
SC-1470 ex-PC-1470 ex HMC ML-396, 19443 benannt u. umklassifiziert als Panther (IX 105)
SC-1471 ex-PC-1471 ex HMC ML-397, an Mexiko 1943
SC-1472 ex-PC-1472 ex HMC ML-398
SC-1473 ex-PC-1473 ex HMC ML-399

Acht Fairmiles ML (Q 392 bis Q 399) wurden in Weymouth, Kanada für die Royal Canadian Navy gebaut und via Lend-Lease-Abkommen an die U.S. Navy übergeben. Hier sind vier dieser für die U.S. Navy bestimmten ML auf der Bauwerft Le Blanc zu sehen, noch mit kanadischer Kennung: im Vordergrund ML-392 (später SC-1466 der U.S. Navy), ML-393 (später SC-1468), ML-395 (später SC-1469) und ganz hinten (wahrscheinlich) ML 394 (später SC-1467), aufgenommen im Herbst 1942 (Foto Le Blanc Shipbuilding).

4.4.1.5 SC-1627 -Klasse

Fünf in den 1950er Jahren mit finanzieller US-Hilfe 1953-1955 in den Niederlanden gebaute 169 ts/114 Fuß-Export-U-Boot-Jäger für die Niederlande.

Schiffserkennung: Glattdecker (Flushdecker), Geschütz auf der Back, größere Brücke etwas vor der Mitte, Hauptmast an Brückenhinterkante, dahinter ein größerer sich etwas konisch verjüngender Schornstein, Geschütz und kleiner Mast achtern.

SC-1627 bis SC-1631	
Stapelläufe	1954
Wasserverdrängung	169 ts
Abmessungen (LxBxT)	36,3 x 6,1 x 1,9 m
Antrieb	Diesel,1300 PS, 2 Wellen
Geschwindigkeit	16 kn
Bewaffnung	1 x 4 cm; 3 x 2 cm, Hedgehog, WaBo

<u>**Bauwerft (1):**</u>
Rijkswerf Willemsoord, Den Helder

SC-1627 gebaut in den Niederlanden als Balder
SC-1628 gebaut in den Niederlanden als Bulgia
SC-1629 gebaut in den Niederlanden als Freyr
SC-1630 gebaut in den Niederlanden als Hadda
SC-1631 gebaut in den Niederlanden als Hefring

4.4.2 U-Boot-Jäger, Stahlrumpf (PC)

4.4.2.1 PC-451 und PC-452 -Klasse

Zwei 1940 und 1941 gebaute 374 ts/170 Fuß- bzw. 348 ts/174 Fuß-Experimental-U-Boot-Jäger mit Stahlrumpf.

Schiffserkennung: PC-451 war ähnlich SC-449, aber Backdecker ohne Deckssprung und deutlich größer und 18 Meter länger. PC-452 wurde Prototyp der großen PC-461-Klasse, war ähnlich, aber wie die Einheiten letzterer Klasse ein Glattdecker (Flushdecker), allerdings mit etwas höherem Schornstein.

PC-451, PC-452	
Stapelläufe	1940 und 1941
Wasserverdrängung	374 bzw. 348 ts
Abmessungen (LxBxT)	51,9 bzw. 53 x 6,3 bzw. 7 x 2 m
Antrieb	Dieselelektrisch,1600 PS, 2 Wellen
Geschwindigkeit	19 kn
Bewaffnung	2 x 7,6; 6 x 2 cm, Hedgehog, WaBo

<u>**Bauwerft (1):**</u>
DeFoe Boat and Motor Works, Bay City, Mi.: PC-451, 452

PC-451; Schlepper Nancy Moran in Kollision 12/1941 versenkt (Florida)
PC-452; umbenannt und umklassifiziert als Castine (IX 211)

Stapellauf von PC-451 am 23.5.1940.

Bei PC-451 und PC-452 handelt es sich um zwei 1940 und 1941 gefertigte Prototypen von U-Boot-Jägern mit Stahlrumpf unter dem „Experimental Small Craft Programme“ vom 17.5.1938. Das Typschiff wurde als Hull No.166 bei DeFoe Boat and Motor Works in Bay City, Mi. gebaut und als PC-451 am 12.8.1940 in Dienst gestellt. Das Foto zeigt das Schiff kurz vor dem Stapellauf im Frühjahr 1940.

Seitenansicht von PC-451 im Jahr 1941 aufgenommen.

4.4.2.2 PC-461 -Klasse

Die 450ts/174 Fuß-U-Boot-Jäger mit Stahlrumpf (Kennungen von PC-461 bis PC-1603) wurden 1941 bis 1944 in Bau gegeben; 317 wurden als PC der PC-461-Klasse fertig gestellt (PC-461-496, PC-542-627, PC-776-825, PC-1077-1265, PC-1546-1585); von diesen wurden 35 später als amphibische Kontrollfahrzeuge (PCC) klassifiziert. Weitere 18 wurden als Minensucher (*Adriot*-Klasse, AM-82 bis AM-99, ex PT-1586-1603) fertiggestellt und 24 als Motor-Kanonenboote mit Klassifikation PGM (ex PC-805, PC-806, PC-1088-1091, PC-1148, PC-1189, PC-1255, PC-1548, PC-1550-1559, PC-1565-1568). Sechs Einheiten gingen im Krieg verloren. Zahlreiche Einheiten erhielten 1956 noch Namen, wurden aber meist bald darauf gestrichen

Im Krieg wurden 25 Einheiten an die französische Exilmarine abgegeben, sowie acht an Brasilien, je eine an die norwegische, niederländische und griechische Exilmarine, sowie eine an Uruguay. Das niederländische Schiff wurde später an Nigeria übergeben. Zwölf weitere Einheiten der Klasse wurden nach dem Krieg von den USA an Frankreich übergeben, vorwiegend zum Einsatz in Indochina. Davon gelangten dann später sechs Einheiten an die vietnamesische und drei an die kambodschanische Marine; eine Einheit wurde von Frankreich an Marokko transferiert. Zwölf Schiffe gingen in den späten 1940er Jahren von den USA an Nationalchina und 16 weitere dann nach 1949 an die nationalchinesischen Streitkräfte in Taiwan. Eine taiwanesische Einheit wurde 1965 von Rot-China versenkt.

Des weiteren gelangten nach dem Krieg 13 Einheiten der Klasse an Venezuela, zehn an die Philippinen (eine davon 1975 durch Flucht aus Vietnam), neun an Mexiko, je acht an Thailand und Südkorea, je sechs an Griechenland und Portugal, fünf an Indonesien, vier an Brasilien, drei an die Dominikanische Republik und je eine Einheit an Kuba, Uruguay und Südvietnam, zusätzlich zu den von Frankreich übernommenen Einheiten. Zwei Einheiten gingen in den 1960er Jahren an die U.S. Air Force.

Nachkriegsbauten: Neun weitere Einheiten basierend auf der PC-461-Klasse (PC-1610-1618) wurden 1954-1955 in Frankreich mit finanzieller US-Hilfe aus dem MAP gebaut, konkret je drei für Frankreich und Portugal, je eines für die Bundesrepublik Deutschland (UW 12), Jugoslawien und Äthiopien. Drei weitere wurden 1956 in Portugal für Portugal (PT-1635-1637) und 1963-1964 sechs weitere in den USA für die Türkei (PC-1638 bis PC 1643) sowie ein U-Jäger 1970 in Chile für Chile mit finanzieller US-Hilfe gebaut (PC-1646), der Bau von zwei weitere chilenischen Einheiten wurde storniert (PC-1647 und PC-1648). Es handelt sich hierbei auch um die höchsten PC-Nummern, die von der U.S. Navy vergeben wurden.

Schiffserkennung: Lang gestreckter Glattdecker (Flushdecker), Geschütz auf der Back, Brücke deutlich vor der Mitte, Hauptmast auf längerem Aufbau dahinter, am Ende ein mittelgroßer Schornstein, dahinter Geschütz und kein Mast achtern. Einige Einheiten erhielten statt dem Geschütz auf der Back einen leichten Hedgehog.

PC-461-Klasse (378 Einheiten)	
Stapelläufe	1941 bis 1964
Wasserverdrängung	450 ts
Abmessungen (LxBxT)	53 x 16,2 x 3,1 m
Antrieb	Diesel, 2880 PS, 2 Wellen
Geschwindigkeit	20 kn
Bewaffnung	1 x 7,6; 2 x 2 cm, 4 MG, WaBo

Bauwerften (16):

George Lawley and Sons, Inc., Neponset, Ma.: PC-461-470, 616-619, 616-619, 1083-1091, (1092-1118)

Defoe SB Co., Bay City, Mi.: PC-471-482, 542-549, 583-587, 1119-1149, (1150-1166)

Consolidated Ship Builders Corp., N.Y.: PC-483-487, 563, 564, 600-603, 1191-1210, 1237-1240, 1264, 1265, 1546-1559

Sullivan Dry Dock and Repair Co., Brooklyn, N.Y.: PC-488, 489, 552-555, 1167-1170, 1231-1236

Dravo Corp., Neville Island, Pittsburgh, Pa.: PC-490-495, 573, 592-595

Dravo Corp., Wilmington, De.: PC-574-577

Leathem D. Smith Coal and Shipbuilding Co., Sturgeon Bay, Wi.: PC-496, 550, 551, 588-591, 821-825, 1171-1180, 1225-1230, 1260-1263, 1560-1569, (1570-1585)

Luders Marine Construction Co., Stamford, Ct.: PC-556-558, 604-607, 1211-1220, 1255-1259

Jeffersonville Boat and Machine Co., Jeffersonville, In.: PC-559-562, 624-627

Brown SB Co., Houston, Tx.: PC-565-568, 608-611, 1251-1254

Albina Engine and Machinery Works, Inc., Portland, Or.: PC-569-572, 578-582, 608-611, 815-820, 1077-1082

Commercial Iron Works, Portland, Or.: PC-596-599, 776-814, (1586-1598)

Gibbs Gas Engine Co., Jacksonville, Fl.: PC-612-615, 1181-1190

Nashville Bridge Co., Nashville, Tn.: PC-620-623, 1241-1250, (1600, 1601)

Penn-Jersey SB Co., Camden, N.J.: PC-1221-1224, (1602, 1603)

Jakobson SY, Inc., Long Island, N.Y.: PC-1598, (1599)

Das Typschiff der PC-461-Klasse, gebaut bei George Lawley and Sons in Neponset, Mass. leitete eine Klasse von amerikanischen U-Boot-Jägern mit Stahlrumpf ein, die in Großserien produziert wurde. Die Kiellegung erfolgte am 10.7.1941, der Stapellauf am 23.12.1941. Über 300 Einheiten wurden 1941 bis 1944 fertiggestellt, einige davon aber noch auf den Werften umklassifiziert und als amphibische Kontroll-fahrzeuge (PCC), als Minensucher (AM) und Motor-Kanonenboote (PGM) abgeliefert. Das Fotowurde im Jahr 1942 aufgenommen.

PC-461 Bluffton
PC/PCC-462
PC/PCC-463
PC-464
PC-465 Paragould, 1961 an Venezuela
PC/PCC-466 Carmi
PC-467; 1942 an norwegische Exilmarine
PC-468; 1942 an niederländische Exilmarine, später Nigeria
PC/PCC-469
PC-470 Antigo
PC-471; 1944 an französische Exilmarine
PC-472; 1944 an französische Exilmarine
PC-473; 1944 an französische Exilmarine
PC-474; 1944 an französische Exilmarine
PC-475; 1944 an französische Exilmarine
PC-476
PC-477
PC-478
PC-479
PC-480; 1944 an französische Exilmarine
PC-481; 1944 an französische Exilmarine
PC-482; 1944 an französische Exilmarine
PC-483 Rolla, 1961 an Venezuela
PC-484 Cooperstown, 1961 an Venezuela
PC-485, 1952 an Südkorea; gesunken 1964 (Taifun)
PC-486 Jasper
PC-487 Larchmont, 1961 an Venezuela
PC-488; 1945 benannt und umklassifiziert als Eureka (IX 221)
PC-489
PC-490, 1948 an Nationalchina
PC-491
PC-492, 1948 an Nationalchina
PC-493
PC-494
PC-495, 1947 an Thailand
PC-496; 6/1943 durch italien. U-Boot versenkt (Tunesien)
PC-542; 1944 an französische Exilmarine
PC-543; 1944 an französische Exilmarine
PC-544, 1942 an Brasilien
PC-545; 1944 an französische Exilmarine, 1965 Marokko
PC-546; 1944 an französische Exilmarine
PC-547, 1942 an Brasilien
PC-548
PC/PCC-549
PC-550; 1944 an französische Exilmarine
PC-551; 1944 an französische Exilmarine
PC-552
PC-553 Malone
PC-554, 1943 an Brasilien
PC/PCC-555
PC-556; 1944 an französische Exilmarine
PC-557; 1944 an französische Exilmarine
PC-558
PC-559; 1944 (als Hulk) an französische Exilmarine
PC-560 Oberlin
PC-561, 1943 an Brasilien
PC-562; 1944 an französische Exilmarine
PC/PCC-563
PC-564 Chardon, 1964 an Südkorea
PC-565 Gilmer; 1962 an Venezuela
PC-566 Honesdale, 1061 an Venezuela
PC-567 Riverhead; 1963 USAF
PC-568 Altus; 1963 USAF, 1968 an Philippinen
PC-569 Petoskey
PC-570, 1952 an Thailand
PC-571 Anoka
PC-572 Tooele, 1961 an Venezuela
PC-573

U-Jäger PC-472 der PC-461-Klasse vor Hampton Roads, Va. am 31.8.1942.

Nicht weniger als 317 Schiffe der stählernen U-Jäger der PC-461-Klasse wurden im Krieg fertiggebaut. Hier der Stapellauf von 1546 bei Consolidated Shipbuilding Corp. in New York am 30.1.1944.

PC-574
PC-575, 1947 an Thailand
PC-576
PC-577
PC/PCC-578
PC-579 Wapakoneta
PC-580 Malvern, an Indonesien 1960
PC-581 Manville, an Indonesien 1960
PC/PCC-582 Lenoir, an Venezuela 1962
PC-583
PC-584
PC-585
PC-586 Patchogue
PC-587
PC/PCC-588 Houghton
PC/PCC-589 Metropolis
PC-590
PC-591; 1944 an französische Exilmarine
PC-592 Towanda
PC-593, an Taiwan 1958
PC-594
PC-595; 1944 an französische Exilmarine, 1948 Nationalchina
PC-596
PC-597 Kerrville
PC/PCC-598
PC-599
PC-600, an Südkorea 1952
PC-601 Arcata
PC-602 Alturas
PC-603 Solvay
PC-604, an Brasilien 1943
PC-605, an Brasilien 1943
PC-606 Andrews
PC-607, an Brasilien 1943
PC-608, an Mexiko 1948
PC-609, an Thailand 1947
PC-610; auf Strand gesetzt 1950 (Rhode Island)
PC-611
PC-612
PC-613, an Dominikanische Republik 1947
PC-614, an Mexiko 1952
PC-615
PC-616, an Thailand 1952
PC-617 Beeville
PC / EPC-618 Weatherford
PC-619 Dalhart; an Venezuela 1956
PC-620 Bethany
PC-621; 1944 an französische Exilmarine
PC-622; 1943 an griechische Exilmarine
PC-623
PC-624; umklassifiziert als YW-120; 1944 an französische Exilmarine
PC-625; 1944 an französische Exilmarine
PC-626; 1944 an französische Exilmarine
PC-627; 1944 an französische Exilmarine
PC-776 Pikeville
PC-777 Waynesburg
PC-778 Gallipolis

Backbord-Seitenaufnahme von PC-545 mit Tarnanstrich, etwa 1942/43 aufgenommen.

PC-779 Mechanicsburg
PC-780 Maynard
PC-781 Metuchen
PC-782 Glenolden
PC-783
PC-784
PC-785 Frostburg
PC-786; an Taiwan 1954
PC-787; an Indonesien 1948
PC-788
PC-789
PC-790, an Kuba 1956
PC-791
PC-792
PC-793
PC-794, an Mexiko 1952
PC-795
PC-796; 1949 an Frankreich
PC-797; 1949 an Frankreich
PC-798, 1949 an Frankreich
PC-799, an Südkorea 1948
PC-800
PC-801
PC/PCC-802, an Südkorea 1948
PC/PCC-803
PC/PCC-804
PC-805; umklassifiziert als PGM-10
PC-806; umklassifiziert als PGM-11
PC/PCC-807
PC-808 Ripley
PC-809, an Portugal 1948
PC-810, an Mexiko 1948
PC-811, an Portugal 1948
PC-812, an Portugal 1948
PC-813
PC-814
PC-815
PC-816
PC-817 Welch
PC-818
PC-819, an Mexiko 1952
PC-820, an Mexiko 1952
PC-821
PC-822 Asheboro
PC-823; 1948 U.S. Merchant Marine Academy (Ensign Whitehead); 1949 Südkorea
PC-824, an Mexiko 1948
PC-825
PC-1077 Edenton, an Venezuela 1961
PC-1078, an Taiwan 1954
PC/PCC-1079 Ludington
PC/PCC-1080
PC/PCC-1081 Cadiz
PC-1082
PC-1083
PC-1084
PC-1085
PC-1086, an Frankreich 1951 (Indochina), 1955 Kambodscha
PC-1087 Placerville, an Nationalchina 1948
PC-1088; umklassifiziert als PGM-12, an Nationalchina 1948
PC-1089; umklassifiziert als PGM-13, an Nationalchina 1948
PC-1090; umklassifiziert als PGM-14, an Nationalchina 1948
PC-1091; umklassifiziert als PGM-15, an Nationalchina 1948
PC-1092 bis PC-1105: Bau storniert November 1943
PC-1106 bis PC-1118: Bau storniert September 1943
PC-1119 Greencastle
PC-1120 Carlinville
PC-1121; an Philippinen 1948
PC-1122; an Philippinen 1948
PC-1123

Undatierte Luftaufnahme von PC-564, im Zweiten Weltkrieg.

PC-1124; benannt und umklassifiziert als Chocura (IX 206)
PC-1125 Cordele
PC/PCC-1126
PC-1127
PC-1128
PC-1129; Kriegsverlust 1/1945 bei Luzon durch Sprengboot (Shinyo)
PC-1130; 1950 Frankreich (Indochina), 1956 Vietnam
PC-1131; an Philippinen 1948
PC-1132
PC-1133; an Philippinen 1948
PC-1134; an Philippinen 1948
PC-1135 Canastota
PC/PCC-1136 Galena
PC/PCC-1137 Worthington
PC-1138 Lapeer
PC-1139; 1950 an Frankreich (Indochina); 1954 Kambodscha
PC-1140 Glenwood
PC-1141 Pierre; 1958 an Indonesien
PC-1142 Hanford; 1957 an Taiwan
PC-1143, an Frankreich 1951 (Indochina); 1956 Vietnam
PC-1144, an Frankreich 1951 (Indochina); Vietnam
PC-1145 Winnemucca, an Südkorea 1960
PC-1146, an Frankreich 1951/Vietnam
PC-1147
PC-1148; umklassifiziert als PGM-16, an Griechenland 1947
PC-1149 Susanville, an Taiwan 1957
PC-1167, an Frankreich 1951 (Indochina); Vietnam
PC / PCC-1168, an Taiwan 1954
PC / PCC-1169 Escandido, an Taiwan 1957
PC-1170 Kelso
PC-1171, an Frankreich 1951 (Indochina); Kambodscha 1956 u. 1975 Philippinen (Flucht)
PC-1172 Olney
PC-1173 Andalusia
PC-1174 Fredonia
PC-1175 Vandalia, an Taiwan 1957
PC-1176 Minden, an Venezuela 1962
PC/PCC-1177 Guymon
PC/PCC-1178 Kewaunee
PC-1179 Morris
PC-1180 Woodstock
PC-1181 Wildwood
PC-1182; an Taiwan 1954
PC-1183, an Indonesien 1948
PC-1184
PC-1185, an Thailand 1948
PC-1186 Ipswich
PC-1187
PC-1188
PC-1189; umklassifiziert als PGM-17
PC-1190
PC-1191 Bel Air
PC-1192
PC-1193 Ridgway
PC-1194
PC-1195
PC-1196 Mayfield
PC-1197
PC-1198 Westerly
PC-1199
PC-1200
PC-1201 Kittery
PC-1202, an Dominikanische Republik 1947

Invasion in der Normandie, Omaha Beach 7.6.1944: im Vordergrund PC-564, dahinter ein weiterer U-Jäger der PC-461-Klasse und das amphibische Kommandoschiff USS „Ancon" (AGC-4).

PC-1203
PC-1204
PC-1205
PC-1206
PC-1207
PC-1208; an Taiwan 1954
PC-1209 Medina
PC-1210, an Mexiko 1952
PC-1211; 1956 Spanien
PC-1212 Laurinburg
PC-1213 Louden
PC-1214
PC-1215
PC-1216 Elkins
PC-1217
PC-1218, an Thailand 1948
PC-1219
PC-1220
PC-1221
PC-1222
PC-1223
PC-1224, an Mexiko 1952
PC-1225 Waverly
PC-1226; 1944 an französische Exilmarine
PC-1227; 1944 an französische Exilmarine
PC-1228 Munising
PC-1229 Wauseon
PC / PCC-1230 Grinnell
PC / PCC-1231 Tipton
PC-1232, an Taiwan 1954
PC-1233, an Taiwan 1954
PC-1234, an Uruguay 1944
PC-1235; 1944 an französische Exilmarine
PC-1236, an Brasilien 1943
PC-1237 Abingdon
PC-1238
PC-1239
PC-1240 Culpeper
PC-1241; an Philippinen 1948
PC-1242 Port Clinton
PC-1243
PC / PCC-1244 Martinez
PC-1245, 1948 an Frankreich
PC-1246 Canandaigua
PC-1247, an Nationalchina 1948
PC-1248; 1944 an französische Exilmarine
PC-1249; 1944 an französische Exilmarine
PC-1250; 1944 an französische Exilmarine
PC/PCC-1251 Ukiah, an Venezuela 1960
PC-1252 Tarrytown, an Venezuela 1961
PC-1253, an Thailand 1952
PC-1254, an Taiwan 1954
PC-1255; umklassifiziert als PGM-18; 4/1945 durch Mine gesunken (Okinawa)
PC-1256, an Portugal 1948
PC-1257, an Portugal 1948
PC-1258
PC-1259, an Portugal 1948
PC-1260 Durango
PC-1261
PC-1262, an Taiwan 1954
PC-1263 Milledgeville, an Taiwan 1959
PC-1264
PC-1265
PC-1546 Grosse Pointe, an Südkorea 1960
PC-1547 Corinth
PC-1548; umklassifiziert als PGM-9
PC-1549, an Nationalchina 1948
PC-1550; umklassifiziert als PGM-19
PC-1551; umklassifiziert als PGM-20, an Nationalchina 1948
PC-1552; umklassifiziert als PGM-21, an Griechenland 1947
PC-1553; umklassifiziert als PGM-22, an Griechenland 1947
PC-1554; umklassifiziert als PGM-23
PC-1555; umklassifiziert als PGM-24
PC-1556; umklassifiziert als PGM-25, an Griechenland 1947
PC-1557; umklassifiziert als PGM-26, an Nationalchina 1948, 1964 gestrandet
PC-1558; umklassifiziert als PGM-27
PC-1559; umklassifiziert als PGM-28, an Griechenland 1947
PC-1560; 1944 an französische Exilmarine

PC-600 in der Puget Sound NY in Washington, am 12.2.1944.

PC-1561; 1944 an französische Exilmarine
PC-1562; 1944 an französische Exilmarine
PC-1563; an Philippinen 1948
PC-1564; an Philippinen 1948
PC-1565; umklassifiziert als PGM-29; an Griechenland 1947
PC-1566; umklassifiziert als PGM-30
PC-1567; umklassifiziert als PGM-31, an Taiwan 1954
PC-1568; umklassifiziert als PGM-32
PC-1569 Anacortes, an Südvietnam 1960
PC-1570 bis PC-1575; Bau storniert September 1943
PC-1576 bis PC-1581; Bau storniert November 1943
PC-1582 bis PC-1585; Bau storniert September 1943

PC-1586 ex-Adroit (AM 82)
PC-1587 ex-Advent (AM 83)
PC-1588 ex-Annoy (AM 84)
PC-1589 ex-Conflict (AM 85)
PC-1590 ex-Constant (AM 86)
PC-1591 ex-Daring (AM 87)
PC-1592 ex-Dash (AM 88)
PC-1593 ex-Despite (AM 89)
PC-1594 ex-Direct (AM 90)
PC-1595 ex-Dynamic (AM 91)
PC-1596 ex-Effective (AM 92)
PC-1597 ex-Engage (AM 93), an Dominikan. Republik 1946
PC-1598 ex-Excel (AM-94)
PC / PCC-1599 ex-Exploit (AM 95)
PC-1600 ex-Fidelity (AM 96)
PC / PCC-1601 ex-Fierce (AM 97)
PC / PCC-1602 ex-Firm (AM-98)
PC-1603 ex-Force (AM 99)

PC-1610 gebaut in Frankreich als Le Fougueux
PC-1611 gebaut in Frankreich als L'Opiniatre
PC-1612 gebaut in Frankreich als L'Agile
PC-1613 gebaut in Frankreich; an Portugal als Maio
PC-1614 gebaut in Frankreich; an Portugal als Porto Santo
PC-1615 gebaut in Frankreich an Jugoslawien als Udarnik
PC-1616 gebaut in Frankreich; an Äthiopien (via Deutschland) als Belay Deress
PC-1617 gebaut in Frankreich; an Portugal als Sao Nicolus
PC-1618 an Frankreich als P-7; an Deutschland (UW-12, W 51), 1960 Tunesien
PC-1635 gebaut in Portugal als Brava
PC-1636 gebaut in Portugal als Fogo
PC-1637 gebaut in Portugal als Boavista
PC-1638 gebaut in USA für Türkei als Sultanhisar
PC-1639 gebaut in USA für Türkei als Demirhisar
PC-1640 gebaut in USA für Türkei als Yarhisar
PC-1641 gebaut in USA für Türkei als Akhisar
PC-1642 gebaut in USA für Türkei als Sivrihisar
PC-1643 gebaut in USA für Türkei als Kochisar
PC-1646 gebaut in Chile als Papudo
PC-1647 gebaut in Chile als Abato (Bau storniert 1970)
PC-1648 gebaut in Chile als Pisagua (Bau storniert 1970)

PC-799, an der Westküste der USA, im Jahr 1944 aufgenommen.

Backbord-Ansicht von PC-1081, aufgenommen um 1945.

PC-1228 eindockend in Neu Kaledonien für eine Überholung (im Schwimmdock AFD-9 der U.S. Navy).

4.4.2.3 PC-1619 Albatros -Klasse

In Italien mit finanzieller US-Hilfe aus dem MAP 1945-1957 gebaute 895ts/250 Fuß-Korvetten, je vier für Italien (*Albatros*-Klasse) und Dänemark (*Triton/Bellona*-Klasse).

Schiffserkennung: Inseltyp, ein Geschütz auf der Back und zwei achtern, Brücke und Aufbauten in der Mitte, ein Hauptmast/Schornstein („Mack") dahinter, kein Mast achtern.

PC-1619 bis PC-1626	
Stapelläufe	1954 und 1955
Wasserverdrängung	895 ts
Abmessungen (LxBxT)	76,3 x 9,6 x 3,1 m
Antrieb	Diesel, 9200 PS, 2 Wellen
Geschwindigkeit	20 kn
Bewaffnung	2 x 7,6; 2 x 4 cm, Hedgehog, WaBo

<u>Bauwerften (3):</u>
Navalmeccanica, Castellamare: PC-1619-1622
Cantiere del Tirreno, Riva Trigoso, Tarent: PC-1623-1625
Breda Marghera C.N., Mestre: PC-1626

PC-1619 gebaut in Italien als Albatros (F 543)
PC-1620 gebaut in Italien als Alcione (F 544)
PC-1621 gebaut in Italien als Airone (F 545)
PC-1622 gebaut in Italien für Dänemark als Bellona (F 344)
PC-1623 gebaut in Italien für Dänemark als Diana (F 345)
PC-1624 gebaut in Italien für Dänemark als Flora (F 543)
PC-1625 gebaut in Italien für Dänemark als Triton (F 547)
PC-1626 gebaut in Italien als Aquila (F 542)

4.4.2.4 PC-1644 Peder Skram -Klasse

Zwei in Helsingør 1964-1966 mit finanzieller US-Hilfe für Dänemark gebaute 2.425ts/370 Fuß-Fregatten (*Peder Skram*-Klasse).

Schiffserkennung: Lang gestreckter Glattdecker (Flushdecker), zwei Doppeltürme auf der Back, große kompakte Brücke und Aufbauten in der Mitte mit zwei großen sich etwas konisch verjüngenden Schornsteinen mit Masten an den Vorderkanten, achtern zwei Flak Geschütztürme am Aufbauteende. Später Umbau zu Flugkörper-Fregatten.

PC-1644 und PC-1645	
Stapelläufe	1965
Wasserverdrängung	2425 ts
Abmessungen (LxBxT)	112,9 x 12 x 3,7 m
Antrieb	CODOG, 48800 PS, 2 Wellen
Geschwindigkeit	33 kn
Bewaffnung	2- 4 x 12,7; 4 x 4 cm, 4 54 cm Torpedorohre, WaBo, 0 bis 8 SSM und SAM -Raketenstarter

<u>Bauwerft (1):</u>
Helsingør Skibsværft & Maskinbyggeri A/S, Helsingör, Dänemark

PC-1644 gebaut in Dänemark als Peder Skram (F 352)
PC-1645 gebaut in Dänemark als Herluf Trolle (F 353)

Obwohl hier aus Platzgründen eigentlich keine Fotos von den Klassen gebracht werden, die nicht in der U.S. Navy in Dienst waren, hier eine Ausnahme aufgrund der Skurrilität: auch die Fregatten der „Peder Skram"-Klasse, gebaut mit US-Finanzhilfe und mit über 2700 ts full load die größten dänischen Kriegsschiffe, hatten in der U.S. Navy noch eine „P"-Klassifikation. „Peder Skram" ist heute Museumsschiff in Kopenhagen (Foto: Wilhelm Man Donko 2022).

4.4.3. U-Bootjäger, Geleiter-Typ (PCE, PCE(R))

4.4.3.1. PCE-827 -Klasse

Diese U-Bootjäger vom Geleiter-Typ hatten den gleichen Rumpf wie die Minensucher der *Admirable*-Klasse (AM-136-Klasse). Die 640 ts/181 Fuß-Einheiten wurden 1942 bis 1943 in Bau gegeben, 64 hiervon wurden fertig gestellt, fünf davon wurden später als amphibische Kontrollfahrzeuge (PCE(C)) sowie zwei für die US Coast Guard, einer wurde Minenleger (ACM-4), drei Hafen-Entmagnetisierungs-Fahrzeuge (YDG) und einer ein allgemeines Hilfsschiff (AG). Sieben Einheiten wurden als PCE gestrichen und stattdessen als Minensucher fertig gestellt (AM-232 bis AM-359). Die ersten 15 Einheiten wurden sofort an die Royal Navy (*Kil*-Klasse) abgegeben. Die US-Einheiten und die PCE(R)-Einheiten werden manchmal auch als separate Klassen geführt (PCE-842 bzw. PCE(R)-848-Klasse). Anfänglich waren viele Einheiten noch als „PC" gleicher Nummer klassifiziert worden. Zahlreiche Einheiten erhielten Mitte der 1950er Jahre noch Namen, wurden meist aber bald darauf gestrichen. Fast alle britischen Einheiten wurden für zivile Zwecke verkauft.
Sieben Einheiten gingen nach dem Krieg an Südkorea, eine davon wurde 1967 von Nordkorea versenkt. Die Philippinen übernahmen insgesamt acht Einheiten, drei davon nach Flucht aus Südvietnam 1975; damit flohen alle drei von 1961 bis 1970 von den USA an Südvietnam übergebenen Schiffe der Klasse erfolgreich dorthin. Fünf Einheiten kamen an Mexiko, zwei an Kuba und eine an Birma.

Nachkriegsbauten: Sechs weitere Schiffe (PCE-1604 bis PCE-1609), die konstruktiv auf dieser Klasse basieren, wurden 1952-1954 in den Niederlanden mit finanzieller US-Hilfe (MAP) für die holländische Marine als Korvetten der „Roofdier"-(Raubtier)-Klasse gebaut.

Schiffserkennung: Über Zweidrittel der Schiffslänge lang gezogene Back mit zweistufig abgesenktem Heck, Geschütz auf der Back, große kompakte Brücke mit Hauptmast an der Hinterkante, achtern zwei Flakgeschütze in Wannen, davor kleiner Mast. Die britischen, niederländischen und einige US-amerikanische Einheiten hatten keinen Schornstein, sondern nur einen unauffälligen Abgaspfosten. Die meisten PCE(R) hatten einen kleinen gedrungenen Schornstein mit nach hinten offener Kappe. Bei einigen Einheiten wurde dieser auch später nachgerüstet. Die niederländischen Schiffe hatten eine etwas kürzere Brücke mit Flak davor und ein zusätzliches Geschütz achtern.

PCE- bzw. PCE(R)-827 bis PCE- bzw. PCE(R) 919, PCE-1604 bis PCE-1609	
Stapelläufe	1943 bis 1954
Wasserverdrängung	795 ts
Abmessungen (LxBxT)	56,3 x 10,1 x 2,9 m
Antrieb	Diesel, 1800 PS, 2 Wellen
Geschwindigkeit	16 kn
Bewaffnung	2 x 7,6; 2 x 4; 5 x 2 cm, Wabo

Diese U-Bootjäger vom Escort- oder Geleiter-Typ basierten auf dem Rumpf der Minensucher der „Admirable"-Klasse (AM-136-Klasse) und wurden 1942 bis 1943 in Bau gegeben, immerhin 64 hiervon wurden fertig gestellt. Einige wurden später als diverse Spezialfahrzeuge umklassifiziert. Hier PC-843 in einer Backbord-Seitenaufnahme.

Begonnen als PCE-850 im Oktober 1943 bei Pullman Standard Car Manufacturing Co. in Chicago, aber als PCE(R)-850 (Patrol Craft Escort/ Rescue) umklassifiziert im Juni 1943 und so am 17.4.1944 in Dienst gestellt. Hier kurz nach dem Stapellauf am 8.2.1944.

Ab 1956 erhielten viele der kleinen P-Schiffe zur Kennung auch Namen. Das Foto zeigt USS „Fairview“ (EPCE(R)-850) in einer Nachkriegsaufnahme; das „E“ steht für „Experimental“.

Bauwerften (5):
Pullman Standard Car, Chicago, Ill. PCE-827 bis PCE 866
Albina,Portland, Ore. PCE-867 bis PCE 890
Willamette,Portland, Ore. PCE-891 bis PCE-919
General Shipbdg.and Engin., Boston, Mass. PCE-1604 bis PCE-1609
Avondale Marine Ways, New Orleans, Lou. PCE-1607 bis PCE-1609

PCE-827 ex-PC-827 an Großbritannien als HMS Kilbernie (BEC 1)
PCE-828 ex-PC-828 an Großbritannien als HMS Kilbride (BEC 2)
PCE-829 ex-PC-829 an Großbritannien als HMS Kilchatten (BEC 3)
PCE-830 ex-PC-830 an Großbritannien als HMS Kilchernan (BEC 4)
PCE-831 ex-PC-831 an Großbritannien als HMS Kildary (BEC 5)
PCE-832 ex-PC-832 an Großbritannien als HMS Kildwick (BEC 6)
PCE-833 ex-PC-833 an Großbritannien als HMS Kilham (BEC 7)
PCE-834 ex-PC-834 an Großbritannien als HMS Kilkenzie (BEC 8)
PCE-835 ex-PC-835 an Großbritannien als HMS Kilhampton (BEC 9)
PCE-836 ex-PC-836 an Großbritannien als HMS Kilmacolm (BEC 10)
PCE-837 ex-PC-837 an Großbritannien als HMS Kilmarnock (BEC 10)
PCE-838 an Großbritannien als HMS Kilmartin (BEC 12)
PCE-839 an Großbritannien als HMS Kilmelford (BEC 13)
PCE-840 an Großbritannien als HMS Kilmington (BEC 14)
PCE-841 an Großbritannien als HMS Kilmore (BEC 15)

PCE(R) / PCE-842 Marfa; 1961 an Südkorea, 1967 durch nordkorean. Artillerie versenkt
PCE(R) / PCE-843 Skowhegan
PCE(R) / PCE-844; 1947 an Mexiko
PCE(R) / PCE-845 Worland
PCE(R) / PCE-846 Eunice
PCE(R) / PCE-847; 1947 an Mexiko
PCE(R)-848
PCE(R)-849 / EPCE(R)-849 Somersworth
PCE(R) / EPCE(R)-850 Fairview
PCE(R) / EPCE(R)-851 Rockville
PCE(R) / EPCE(R)-852 Brattleboro; 1966 Südvietnam; 1975 Philippinen (Flucht)
PCE(R)-853 Amherst; 1970 Südvietnam; 1975 Philippinen (Flucht)
PCE(R)-854
PCE(R) / EPCE(R)-855 Rexburg
PCE(R) / PCE-856 Whitehall

USS „Rexburg" (EPCE(R)-855, ex-PCE(R)-855, ex-PCE-855) vor San Diego, Ca. in den 1960er Jahren.

Marysville (EPCE(R)-857, ex-PCE(R)-857, ex PCE-857) in einer Luftaufnahme in den 1960ern. Das Schiff wurde 1970 außer Dienst gestellt.

PCE(R) / EPCE(R)-857 Marysville
PCE(R)-858; 1946 USCGC Jackson (WPC-120)
PCE(R)-859
PCE(R)-860; 1946 USCGC Bedloe (WPC-121)

PCE-861 bis PCE-866: Bau storniert März 1944
PCE-867, an Nationalchina 1948; beschädigt im Kampf 1965 (abgebrochen)
PCE-868, an Mexiko 1947
PCE-869, an Nationalchina 1948
PCE-870 Dania, an Südkorea 1961
PCE-871, an Mexiko 1947
PCE-872, an Kuba 1947
PCE / PCE(C)-873, an Südkorea 1956
PCE-874 Pascagoula, an Ecuador 1960
PCE-875, an Mexiko 1947
PCE-876; 1943 umklassifiziert als YDG-8, 1947 ADG-8
PCE / PCE(C)-877 Havre
PCE-878 Benannt und umklassifiziert als Buttress (ACM-4)
PCE-879; umklassifiziert als YDG-9
PCE-880 Ely
PCE-881, an die Philippinen 1948
PCE-882
PCE-883; umklassifiziert als YDG-10
PCE-884, an die Philippinen 1948
PCE-885, an die Philippinen 1948
PCE / PCE(C)-886 Banning
PCE-887 bis PCE-890: Bau storniert November 1943
PCE-891, an die Philippinen 1948
PCE-892 Somerset, an Südkorea 1961
PCE-893, an Kuba 1947
PCE-894 Farmington, an Birma 1965
PCE-895 Crestview, an Vietnam 1961; 1975 Philippinen (Flucht)
PCE / PCE(C)-896, an Südkorea 1956
PCE-897, an die Philippinen 1948
PCE / PCE(C)-898, an Südkorea 1956
PCE-899 Lamar
PCE-900 Groton
PCE-901; benannt und umklassifiziert als Parris Island (AG 72)
PCE-902 Portage
PCE-903 Batesburg; an Südkorea 1961
PCE-904 Gettysburg

PCE-905, benannt und umklassifiziert als Execute (AM-232)
PCE-906, benannt und umklassifiziert als Facility (AM-233)
PCE-907, benannt und umklassifiziert als Gavia (AM-363)
PCE-908, benannt und umklassifiziert als Fixity (AM-235)
PCE-909, benannt und umklassifiziert als Flame (AM-236); Bau storniert 1944
PCE-910, benannt und umklassifiziert als Fortify (AM-237); Bau storniert 1944
PCE-911 bis PCE-915: Bau storniert November 1945
PCE-916; benannt und umklassifiziert als Creddock (AM-356)
PCE-917; benannt und umklassifiziert als Dipper (AM-357)
PCE-918; Bau storniert November 1945
PCE-919; benannt und umklassifiziert als Drake (AM-359)
PCE-920 bis PCE-934: Bau storniert November 1945
PCE-935; umklassifiziert als PCE(R)-935
PCE-936; umklassifiziert als PCE(R)-936

PCE-867 in einer Steuerbord-Breitseitaufnahme aus dem Zweiten Weltkrieg.

PCE-880 der PCE-827-Klasse. Am 15.2.1956 erhielt auch dieses Schiff einen Namen, USS „Ely", hier in einer Nachkriegsaufnahme ca. 1968/69.

Zwei Schiffe der PCE-827-Klasse in Bau im Februar 1944 bei der Willamette Iron and Steel Co., Portland, Ore.

PCE-937; umklassifiziert als PCE(R)-937
PCE-938; umklassifiziert als PCE(R)-938
PCE-939; umklassifiziert als PCE(R)-939
PCE-940; umklassifiziert als PCE(R)-940
PCE-941 bis PCE-950: Bau storniert November 1943
PCE-951 bis PCE-960: Bau storniert September 1943
PCE-961 bis PCE-976: Bau storniert November 1943

PCE-1604 in den Niederlanden gebaut als Fret (F 818)
PCE-1605 in den Niederlanden gebaut als Hermelijn (F 819)
PCE-1606 in den Niederlanden gebaut als Vos (F 820)
PCE-1607 in den Niederlanden gebaut als Wolf (F 817)
PCE-1608 in den Niederlanden gebaut als Panter (F 820)
PCE-1609 in den Niederlanden gebaut als Jaguar (F 821)

4.4.4 U-Boot-Jäger, Minensucher-Typ (PCS)

4.4.4.1 PCS 1376 -Klasse

Diese U-Bootjäger vom Minensucher-Typ hatten den gleichen Holzrumpf wie die Motoren/Küsten-Minensucher der YMS-Klasse (YMS-1-Klasse). Die 267ts/136 Fuß-Einheiten PCS-1376 bis PCS-1465 wurden 1942 bis 1943 in Bau gegeben, 57 hiervon wurden fertig gestellt, 35 davon wurden als Motor-Minensucher (YMS-446-481) in Dienst gestellt, wovon 12 später an die Sowjetunion abgegeben wurden. Dreizehn wurden später als amphibische Kontrollfahrzeuge (PCS(C)) klassifiziert, fünf Einheiten wurden statt als U-Boot-Jäger als Vermessungsschiffe (AGS) und zwei als Küsten-Minensucher fertig gestellt (AMc-202 und AMc-203). Anfänglich waren viele Einheiten noch als „PC" gleicher Nummer klassifiziert worden. Zahlreiche Einheiten erhielten Mitte der 1950er Jahre noch Namen, wurden meist aber bald darauf gestrichen. Insgesamt wurden nach dem Krieg sieben an Südkorea, drei an die Philippinen und je eine Einheit an Japan und die Türkei abgegeben, darin eingerechnet auch viele von den als Motor-Minensucher (YMS) fertiggestellten Einheiten.

PCS-1376 -Klasse (90 Einheiten)	
Stapelläufe	1943
Wasserverdrängung	267 ts
Abmessungen (LxBxT)	41,5 x 7,5 x 2,6 m
Antrieb	Diesel, 800 PS, 2 Wellen
Geschwindigkeit	15 kn
Bewaffnung	1 x 7,6; 1 x 4; 4 x 2 cm, Wabo

Schiffserkennung: Über ein Drittel der Schiffslänge lang gezogene Back mit zweistufig abgesenktem Heck, Geschütz auf der Back, kompakte Brücke mit Hauptmast an der Hinterkante, achtern Flak in Wanne. Alle hatten, entsprechend der dritten Serie der YMS-Motoren/Küsten-Minensucher, keinen Schornstein, sondern nur einen unauffälligen Abgaspfosten. Einige Einheiten erhielten statt dem Geschütz auf der Back einen leichten Hedgehog.

Das Typschiff der Klasse, PCS-1376, in einer Luftaufnahme. Das Schiff erhielt 1956 den Namen USS „Winder".

PCS-1384 „Eufaula“ der PCS-1376-Klasse. Diese U-Bootjäger vom hölzernen Minensucher-Typ der YMS-1-Klasse wurden 1942 bis 1943 in Bau gegeben, 57 hiervon wurden fertig gestellt, 35 davon wurden als YMS in Dienst gestellt, es gab aber auch weitere Umbauten, z.B. als Vermessungsschiffe (AGS).

Bauwerften (18):
Western BB, Tacoma, Wa.: PCS-1459, 1460
Wheeler, Brooklyn, NY: PCS-1376-1387
Robert Jacob, NY: PCS-1388-1395
South Cost, Newport Beach, Ca.: PCS-1396-1401
Colberg, Stockton, Ca.: PCS-1402-1404
Greenport Basin PCS-1405-1412
Stadium, Cleveland, Oh.: PCS-1413-1416
Burger Boat, Manitwoc, Wi.: PCS-1423, 1424, 1449, 1450
William F. Stone, Oakland, Ca.: PCS-1421, 1422
Hiltebrant, Kingston, NY: PCS-1425-1428
Gibbs Gas Engine, Jacksonville, Fl.: PCS-1429-1440
Harbour Boat, Terminal Island, Ca.: PCS-1441-1444
San Diego Marine, Ca.: PCS-1445-1448
Tacoma Boat, Tacoma Wa. PCS-1451-1454
Mojean & Ericson SB, Tacoma, Wa.: PCS-1455, 1456
Ballard Marine Railway, Seattle, Wa.: PCS-1457, 1485
Bellingham Iron Works, Bellingham Wa.: PCS-1461-1463
Astoria Marine Construction, Astoria, Or.: PCS-1464, 1465

PCS-1376 Winder ex-PC-1376
PCS-1377 ex-PC-1377
PCS-1378 Provincetown ex-PC-1378
PCS / PCSC-1379 ex-PC-1379
PCS-1380 Rushville ex-PC-1380
PCS-1381 ex-PC-1381
PCS-1382 ex-PC-1382
PCS-1383 Attica ex-PC-1383
PCS-1384 Eufaula ex-PC-1384
PCS-1385 Hollidaysburg ex-PC-1385
PCS-1386 Hampton ex-PC-1386
PCS-1387 Beaufort ex-PC-1387
PCS-1388 ex-PC-1388; benannt und umklassifiziert als Littlehales (AGS-7)
PCS / PCSC-1389 ex-PC-1389
PCS / PCSC-1390 ex-PC-1390
PCS-1391 ex-PC-1391; umklassifiziert als PCSC-1391
PCS-1392 Deming ex-PC-1392
PCS-1393 ex-PC-1393; umklassifiziert als YMS-446
PCS-1394 ex-PC-1394; umklassifiziert als YMS-447; 1945 an UdSSR
PCS-1395 ex-PC-1395; umklassifiziert als YMS-448; 1945 an UdSSR
PCS-1396 ex-PC-1396; benannt und umklassifiziert als Dutton (AGS-8)
PCS-1397 ex-PC-1397
PCS-1398 ex-PC-1398; umklassifiziert als YMS-449; 1948 an die Philippinen
PCS-1399 ex-PC-1399; umklassifiziert als YMS-450; 1948 an die Philippinen

USS „Deming“ (PCS-1392), ein U-Jäger mit Holzrumpf der PCS-1376-Klasse, in einem Luftbild ca. 1959.

PCS-1400 Coquille ex-AMS-59 ex-PCS-1400
PCS-1401 McMinnville ex-PC-1401 ex-YMS-452
PCS / PCSC-1402 ex-PC-1402
PCS / PCSC-1403 ex-PC-1403; 1948 an die Philippinen
PCS-1404 ex-PC-1404; benannt und umklassifiziert als Amistead Rust (AGS-9)
PCS-1405 ex-PC-1405; 1946 USC&GS Bowie (CSS 27)
PCS-1406 ex-PC-1406; umklassifiziert als YMS-453; 1945 an UdSSR
PCS-1407 ex-PC-1407; umklassifiziert als YMS-454
PCS-1408 ex-PC-1408; umklassifiziert als YMS-455; 1945 an UdSSR
PCS-1409 ex-PC-1409; umklassifiziert als YMS-456; 1945 an UdSSR
PCS-1410 ex-PC-1410; umklassifiziert als YMS-457; 1945 an UdSSR
PCS-1411 ex-PC-1411; umklassifiziert als YMS-458
PCS-1412 ex-PC-1412; umklassifiziert als YMS-459
PCS / EPCS-1413 Elsmere ex-PC-1413
PCS-1414 ex-PC-1414
PCS-1415 ex-PC-1415; umklassifiziert als YMS-460; 1945 an UdSSR
PCS-1416 ex-PC-1416; umklassifiziert als YMS-461; 1955 MSC(O)-36; an Japan
PCS-1417 ex-PC-1417
PCS / PCSC-1418 ex-PC-1418
PCS-1419 ex-PC-1419
PCS-1420 ex-PC-1420
PCS / PCSC-1421 ex-PC-1421
PCS-1422 ex-PC-1422
PCS-1423 Prescott ex-PC-1423
PCS-1424 ex-PC-1424
PCS-1425 ex-PC-1425
PCS-1426 ex-PC-1426, an Südkorea 1952
PCS-1427 ex-PC-1427; umklassifiziert als YMS-462; 1945 an UdSSR
PCS-1428 ex-PC-1428; umklassifiziert als YMS-463; an Südkorea
PCS / PCSC-1429 ex-PC-1429
PCS-1430 ex-PC-1430
PCS / EPCS-1431 Grafton ex-PC-1431
PCS-1432 ex-PC-1432; umklassifiziert als YMS-464; 1945 an UdSSR
PCS-1433 ex-PC-1433; umklassifiziert als YMS-465; 1945 an UdSSR
PCS-1434 ex-PC-1434; umklassifiziert als YMS-466; 1945 an UdSSR
PCS-1435 ex-PC-1435; umklassifiziert als YMS-467
PCS-1436 ex-PC-1436; umklassifiziert als YMS-468; 1948 an Türkei
PCS-1437 ex-PC-1437; umklassifiziert als YMS-469; 1945 an UdSSR
PCS-1438 ex-PC-1438; umklassifiziert als YMS-470
PCS-1439 ex-PC-1439; umklassifiziert als YMS-471
PCS-1440 ex-PC-1440; umklassifiziert als YMS-472
PCS-1441 ex-PC-1441
PCS-1442 ex-PC-1442
PCS-1443 ex-PC-1443; umklassifiziert als YMS-473; an Südkorea
PCS-1444 Conneaut ex-YMS-474

Backbordansicht von USS „McMinnville“ (PCS-1401) in einer undatierten Nachkriegsaufnahme.

PCS-1405 in der San Francisco Bay, ca.1945/46. Das Schiff wurde 1946 zum U.S. Coast and Geodetic Survey (USC & GS) transferiert und erhielt dort den Namen „Bowie“ (CSS 27).

PCS-1445 ex-PC-1445, an Südkorea 1952
PCS-1446 ex-PC-1446, an Südkorea 1952
PCS-1447 ex-PC-1447; umklassifiziert als YMS-475
PCS-1448 ex-PC-1448; umklassifiziert als YMS-476, an Südkorea 1952
PCS-1449 ex-PC-1449
PCS-1450 ex-PC-1450; USC&GS Hodgson (CSS 26); 1968 Südkorea
PCS-1451 ex-PC-1451
PCS / PCSC-1452 ex-PC-1452
PCS-1453 ex-PC-1453; umklassifiziert als YMS-477
PCS-1454 ex-PC-1454; umklassifiziert als YMS-478
PCS / PCSC-1455 ex-PC-1455
PCS-1456 ex-PC-1456; umklassifiziert als YMS-479
PCS-1457 ex-PC-1457 benannt und umklassifiziert als John Blish (AGS-10)
PCS-1458 ex-PC-1458 benannt und umklassifiziert als Derickson (AGS-6)
PCS-1459 ex-PC-1459
PCS / PCSC-1460 ex-PC-1460
PCS / PCSC-1461 ex-PC-1461
PCS-1462 ex-PC-1462; umklassifiziert als YMS-480
PCS-1463 ex-PC-1463; umklassifiziert als YMS-481
PCS-1464 ex-PC-1464 Benannt und umklassifiziert als Medrick (AMc-203)
PCS-1465 ex-PC-1465 Benannt und umklassifiziert als Minah (AMc-204)

PCS-1405 (links) und PCS-1450 der PCS-1376-Klasse, Deckaufnahme übers Heck 1946.

PCS-1405 (rechts) und PCS-1450 in Ausrüstung bei der Mare Island NY am 21.8.1946, von oben über den Bug aufgenommen, wahrscheinlich von einem Werftkran aus.

4.4.5. U-Boot-Jäger, Schnellboot-Typ (PTC)

4.4.5.1 PTC-1 -Klasse

Mit dem Typ PTC versuchte die U.S. Navy erstmals auch Schnellboote als U-Boot-Jäger auszurüsten, eine Aufgabe, für die dieser Typ nur relativ bedingt geeignet ist. Die Klassifikation PTC stand für Motor Boat Submarine Chaser. Diese 27ts/77 Fuß-U-Boot-Jäger vom Schnellboot-Typ PTC-1 bis PTC-12 von Elco waren quasi eine U-Jagd-Version der PT-10-Klasse mit zusätzlicher WaBo-Ausrüstung und leichter Artillerie, der geplante Einbau eines Sonar-Gerätes gestaltet sich schwierig. Sie wurden 1941, kurz nach Fertigstellung, an die Royal Navy abgegeben und dort als Kanonenschnellboote (MGB 82 bis MGB 94) eingesetzt.

PTC-1 bis PTC-12	
Stapelläufe	1941
Wasserverdrängung	27 ts
Abmessungen (LxBxT)	21,4 x 4,7 x 1,4 m
Antrieb	Benzinmotoren, 2600 PS, 2 Wellen
Geschwindigkeit	30 kn
Bewaffnung	4 MG, Wabo

Bauwerft (1):
PTC-1 – PTC-12: Electric Boat Co., Elco Works, Bayonne, N.J.

PTC-1; an Großbritannien als MGB 82
PTC-2; an Großbritannien als MGB 83
PTC-3; an Großbritannien als MGB 84
PTC-4; an Großbritannien als MGB 85
PTC-5; an Großbritannien als MGB 86
PTC-6; an Großbritannien als MGB 87
PTC-7; an Großbritannien als MGB 88
PTC-8; an Großbritannien als MGB 89; Kriegsverlust 7/1941 (Unfall)
PTC-9; an Großbritannien als MGB 90
PTC-10; an Großbritannien als MGB 91
PTC-11; an Großbritannien als MGB 92; Kriegsverlust 7/1941 (Unfall)
PTC-12; an Großbritannien als MGB 93

4.4.5.2 PTC-13 -Klasse

1941 als Motor Boat Submarine Chaser (PTC) bei der Electric Boat Co. in Bayonne, N.J. auf Kiel gelegt, wurden diese 40ts/77 Fuß-U-Boot-Jäger vom Schnellboot-Typ PTC-13 bis PTC-36 zu den Torpedo-Schnellbooten PT-33 bis PT-44 und PT-57 bis PT-68 umklassifiziert, siehe dort (nachstehende Auflistung als PTC nur zur besseren Übersicht).

PTC-13 bis PTC-36	
Stapelläufe	1941
Wasserverdrängung	40 ts
Abmessungen (LxBxT)	23,5 x 6,1 x 1,4 m
Antrieb	Benzinmotoren, 10800 PS, 3 Wellen
Geschwindigkeit	41 kn
Bewaffnung	4 MG, 4 53 cm Torpedorohre

Bauwerft (1):
PTC-13 – PTC-36: Electric Boat Co., Elco Works, Bayonne, N.J.: PT-13-36

PTC-13; 1941 umklassifiziert als PT-33
PTC-14; 1941 umklassifiziert als PT-34
PTC-15; 1941 umklassifiziert als PT-35
PTC-16; 1941 umklassifiziert als PT-36
PTC-17; 1941 umklassifiziert als PT-37
PTC-18; 1941 umklassifiziert als PT-38
PTC-19; 1941 umklassifiziert als PT-39
PTC-20; 1941 umklassifiziert als PT-40
PTC-21; 1941 umklassifiziert als PT-41
PTC-22; 1941 umklassifiziert als PT-42
PTC-23; 1941 umklassifiziert als PT-43
PTC-24; 1941 umklassifiziert als PT-44
PTC-25; 1941 umklassifiziert als PT-57
PTC-26; 1941 umklassifiziert als PT-58
PTC-27; 1941 umklassifiziert als PT-59
PTC-28; 1941 umklassifiziert als PT-60
PTC-29; 1941 umklassifiziert als PT-61
PTC-30; 1941 umklassifiziert als PT-62
PTC-31; 1941 umklassifiziert als PT-63
PTC-32; 1941 umklassifiziert als PT-64
PTC-33; 1941 umklassifiziert als PT-65
PTC-34; 1941 umklassifiziert als PT-66
PTC-35; 1941 umklassifiziert als PT-67
PTC-36; 1941 umklassifiziert als PT-68

4.4.5.3. PTC-37 -Klasse

Diese kleinen 23ts/63 Fuß-U-Boot-Jäger vom Schnellboot-Typ PTC-37 bis PTC-66 wurden bald zu den Fluss-Patrouillen-Fahrzeugen RPC-61 bis RPC-80 umklassifiziert. Gebaut wurden 24 Einheiten, 18 davon wurden 1943/44 an die Sowjetunion transferiert, eines an die U.S. Armee.

Schiffserkennung: Typische US-Schnellboote mit sehr breiter Back und sich nach achtern verjüngendem Rumpf, Glattdecker (Flushdecker) mit geschwungenem Deckssprung, kleiner kompakter Brücke mit Hauptmast an der Hinterkante und zwei Flak-Stellungen an der Hinterkante. PT-1 Klasse seitlich initial und PT-37-Klasse stets mit Wasserbomben, PT-13 Klasse von Beginn an mit Torpedorohren ausgestattet.

PTC-37 bis PTC-66	
Stapelläufe	1943 und 1944
Wasserverdrängung	23 ts
Abmessungen (LxBxT)	19,2 x 4,7 x 1,2 m
Antrieb	Benzinmotoren, 1300 PS, 2 Wellen
Geschwindigkeit	30 kn
Bewaffnung	4 MG, 4 53 cm Torpedorohre

Die kleinen, 1943/44 als „Motorboat Submarine Chaser" gebauten Boote der PTC-37-Klasse wurden bald als Fluss-Patrouillenboote (RPC) umklassifiziert. Hier PTC-62 (später RPC-76).

<u>Bauwerft (1):</u>
Trumpy, Gloucester City, N.J.: PTC-37-66

PTC-37; umklassifiziert als RPC-51 und als Small Boat 8/1943[1]
PTC-38; umklassifiziert als RPC-52 und als Small Boat 8/1943[1]
PTC-39; umklassifiziert als RPC-53 und als Small Boat 8/1943[1]
PTC-40; umklassifiziert als RPC-54 und als Small Boat 8/1943[1]
PTC-41; umklassifiziert als RPC-55 und als Small Boat 8/1943[1]
PTC-42; umklassifiziert als RPC-56 und als Small Boat 8/1943[1]
PTC-43; umklassifiziert als RPC-57 und als Small Boat 8/1943[2]
PTC-44; umklassifiziert als RPC-58 und als Small Boat 8/1943[2]
PTC-45; umklassifiziert als RPC-59 und als Small Boat 8/1943[2]
PTC-46; umklassifiziert als RPC-60 und als Small Boat 8/1943[2]
PTC-47; umklassifiziert als RPC-61 und als Small Boat 8/1943[2]
PTC-48; umklassifiziert als RPC-62 und als Small Boat 8/1943[2]
PTC-49; umklassifiziert als RPC-63 und als Small Boat 8/1943
PTC-50; umklassifiziert als RPC-64 und als Small Boat 8/1943; (Torpedofangboot)
PTC-51; umklassifiziert als RPC-65 und als Small Boat 8/1943; an U.S. Army
PTC-52; umklassifiziert als RPC-66 und als Small Boat 8/1943; (Torpedofangboot)
PTC-53; umklassifiziert als RPC-67 und als Small Boat 8/1943
PTC-54; umklassifiziert als RPC-68 und als Small Boat 8/1943[2]
PTC-55; umklassifiziert als RPC-69 und als Small Boat 8/1943[2]
PTC-56; umklassifiziert als RPC-70 und als Small Boat 8/1943[2]
PTC-57; umklassifiziert als RPC-71 und als Small Boat 8/1943[2]
PTC-58; umklassifiziert als RPC-72 und als Small Boat 8/1943[2]
PTC-59; umklassifiziert als RPC-73 und als Small Boat 8/1943[2]
PTC-60; umklassifiziert als RPC-74 und als Small Boat 8/1943[2]
PTC-61; umklassifiziert als RPC-75 und als Small Boat 8/1943[2]
PTC-62; umklassifiziert als RPC-76 und als Small Boat 8/1943[2]
PTC-63; umklassifiziert als RPC-77 und als Small Boat 8/1943[2]
PTC-64; umklassifiziert als RPC-78 und als Small Boat 8/1943[2]
PTC-65; umklassifiziert als RPC-79 und als Small Boat 8/1943[2]
PTC-66; umklassifiziert als RPC-80 und als Small Boat 8/1943[2]

[1] an UdSSR 1943 [2] an UdSSR 1944

4.4.6. U-Boot-Jäger, Yacht-Typen (PC)

Sieben zivile Yachten unterschiedlichen Designs, übernommen von der Navy 1940 als PC-454-bis PC-460, aber bald danach zu Patrouillen-Yachten als PYc umklassifiziert (siehe Abschnitt 4.1.2.3). PC-457 ist ohne weitere Umklassifizierung in einer Schiffskollision am 14.8.1941 in der Karibik gesunken und deshalb in der dortigen Auflistung nicht als PYc enthalten, sondern nur hier.

Bauwerft (1):
Robert Jacob and Sons, City Island, N.Y.: PC-457 (für die anderen Einheiten siehe PYc)

PC-457; gesunken 8/1941vor Puerto Rico nach Kollision mit SS Norluna

PC-454 ex-Sybilla (SP 104); umklassifiziert und benannt als Impetuous (PYc-46)
PC-455; umklassifiziert und benannt als Patriot (PYc-47)
PC-456; umklassifiziert und benannt als Persistent (PYc-48)
PC-458; umklassifiziert und benannt als Retort (PYc-49)
PC-459 ex-Entropy (ID 4907); umklassifiziert und benannt als Turquoise (PY-18)
PC-460; umklassifiziert und benannt als Sturdy (PYc-50)

PYc-47 (ex PC-455) vor Massachusetts in einer Luftaufnahme vom 13.8.1944.

Die kleine Yacht „Katoura" wurde 1930 in New York gebaut und 1940 von der Navy requiriert, sie kam im Februar 1941 als PC-455 in Dienst (später PYc-47 und Name „Patriot"); 1944 außer Dienst. Hier als PYc-47 im August 1944.

Gebaut 1915 als Yacht „Paragon" in York, umbenannt in „Sybilla III" und 1917 von der Navy zum Kriegsdienst schon im Ersten Weltkrieg requiriert (SP 104). 1940, inzwischen mit Namen „Arlis", erneut angefordert und als PC-454 in Dienst (später PYc-46) und 1943 neuer Name „Impetuous", bevor sie im September 1944 außer Dienst gestellt wurde. Das Foto wurde im Ersten Weltkrieg aufgenommen.

Die Yacht „Trouper“ wurde 1939 in New York gebaut und im nagelneuen Zustand 1940 von der Navy requiriert, in Dienst als PC-457 im Jahr 1941. Die ehemalige Yacht sank am 14.8.1941 in einer Kollision mit dem amerikanischen Frachter SS „Norluna“ vor Puerto Rico.

Gebaut 1922 als Yacht „Ohio“ von Newport News Shipbuilding und 1940 von der Navy requiriert, in Dienst als PC-459 im Dezember 1940. Ab Februar 1941 als Patrol Yacht „Turquoise“ (PY-18) in Verwendung und Anfang 1944 an Ecuador übergeben. Das Schiff ging durch Strandung 1953 (als „Esmeraldas“) verloren. Das Foto stammt von der Ausrüstung als PC bei Gibbs Gas Engine Works, Jacksonville, Fl. 1940/41.

Dieses Schiff wurde 1930 als Yacht „Avalance“ von Consolidated Shipbuilding in New York gebaut, 1935 in „Elda“ umbenannt und 1940 für die Navy requiriert. In Dienst als PC-460, dabei versenkte sie bei einem Unfall am 24.1.1942 das amerikanische U-Boot S 26 (SS 131) im Golf von Panama durch Rammen. Später ebenfalls als Coastal Patrol Yacht umklassifiziert (PYc-50 „Sturdy“) und im November 1944 außer Dienst.

4.4.7 U-Boot-Jäger, Tragflügel-Typ (PCH, AGEH)

4.4.7.1 PCH-1 High Point -Klasse

Der U-Boot-Jäger vom Tragflügeltyp USS *Highpoint*, HPC-1 (Patrol Craft Hydrofoil/Hydrofoil Submarine Chaser) war ein Experimentalboot von 120ts/115 Fuß und wurde 1962 bis 1963 bei der Martinac Shipbuilding Corp. in Tacoma gebaut, der gesamte Antriebsbereich kam separat von der Boeing Co. in Seattle. Das Boot wurde 1975 an die US Coast Guard als Tragflügel-Kutter mittlerer Reichweite (WMEH-1) abgegeben und 1980 gestrichen, diente danach von 1985 bis 1989 noch der Fa. Boeing als Experimentalplattform für künftige PHM (Tragflügel-Flugkörperschnellboote).

Schiffserkennung: Glattdecker (Flushdecker) mit Decksprung, Geschütz auf der Back kompakter längerer Brücken/Aufbaukomplex in der vorderen Hälfte, Mast auf dessen achteren Ende, zwei parallel angeordneten markanten Schornsteinen und zeitweise Raketenstartern am Heck.

PCH-1 High Point	
Stapellauf	1962
Wasserverdrängung	110 ts
Abmessungen (LxBxT)	35,1 x 6,7 x 5,2 m
Antrieb	CODOG, 6200 PS, 2 Wellen
Geschwindigkeit	48 kn
Bewaffnung	1 x 4 cm, 4 32 cm ASW-Torpedorohre oder Harpoon SSM

Bauwerft (1):

J. M. Martinac Shipbuilding Corp., Tacoma, Wa. und Boeing Co., Seattle (Antriebsbereich)

PCH-1 High Point; 1975 USCGC High Point (WMEH 1)

PCH-1 „High Point", 1961 bis 1963 von Martinac Shipbuilding und der Boeing Co. (Antriebsanlage) in Washington gebaut, war als mögliches Typschiff einer neuen Generation von U-Boot-Jägern vom Tragflügeltyp (Patrol Craft Hydrofoil / Hydrofoil Submarine Chaser) gedacht. Es war ein Experimentalboot und blieb ein Einzelgänger. Hier im Puget Sound bei Erprobungen im Juli 1963.

USS High Point (PCH-1) vor der kanadischen Küste beim Abfeuern eines Harpoon-Antischiff-Flugkörpers im Januar 1974.

Patrol Craft Hydrofoil USS „High Point“ (PCH-1) in einer undatierten Luft-Farbaufnahme, bei Hochgeschwindigkeitsfahrten aufgenommen.

4.4.7.2 AGEH-1 Plainview -Klasse

Ein 310 ts/212 Fuß-Versuchs-U-Boot-Jäger vom Tragflügeltyp (Auxillary, General, Experimantal, Hydrofoil) von der Größe einer Korvette, Name USS *Plainview*. Wie schon gesagt enthält die Klassifikation kein „P" für „Patrol", wird hier aber ausnahmsweise trotzdem behandelt. Die Navy stellte das Boot 1968 in Dienst und nach zehn Jahren wieder außer Dienst. Ein sehr ähnliches Konzept verfolgte die zeitgenössische kanadische *Bras d´Or* (1968-1971).

Schiffserkennung: Backdecker mit geringem Deckssprung, langgestrecktem stromlinienförmigen zweistufigen Brücken/Aufbau-Komplex in der vorderen Schiffshälfte mit Pfahlmast und mit sehr breitem Schornstein mit schräger Oberkante am hinteren Ende, dahinter langgestrecktes flaches Achterdeck mit viel Raum für zu erprobende Bewaffnungen (z.B. U-Jagdtorpedo-Drillingssätze). Bei Verdrängerfahrt oder im Hafen am Heck und in Aufbauten-Höhe beidseits am Rumpf sehr voluminöse und hohe Tragflügel mit Finnen und Auftriebskörpern am Ende.

AGEH-1	
Stapellauf	1965
Wasserverdrängung	310 ts
Abmessungen (LxBxT)	67,3 x 12,3 x 7,4 m
Antrieb	CODAG, 29200 PS, 2 Wellen und 2 Waterjets
Geschwindigkeit	40 kn
Bewaffnung	3 ASW-Torpedorohre

Bauwerft (1):
Lockheed SB and Construction Co., Seattle, Wa.

AGEH-1 Plainview

USS „Plainview" (AGEH-1), ein Versuchs-U-Boot-Jäger vom Tragflügeltyp, war mit seinen ca. 320 ts damals das größte Tragflügelboot der Welt. Der Hochgeschwindigkeitsantrieb bestand aus zwei General Electric LM1500 Turbowellentriebwerken, angelehnt an die J79-Strahltriebwerke von General Electric, wie sie vom Jagdflugzeug F-4 Phantom verwendet wurden. Damit fuhr sie aber nur ganze 268 Betriebsstunden in der gesamten Dienstzeit. Für konventionelle Fahrten wurde sie von zwei Dieselmotoren angetrieben.

USS „Plainview“ (AGEH-1) und USS „High Pont“ (PCH-1) aus der Luft aufgenommen, das Foto verdeutlicht die Größe von AGEH-1. Aufgenommen im Juli 1978, wenige Monate bevor das Boot aus dem aktiven Dienst genommen wurde.

USS „Plainview“ (AGEH-1) und USS „High Pont“ (PCH-1) unterwegs im Puget Sound bei Bremerton im Juli 1978.

USS „Plainview“ (AGEH-1) über den Bug fotografiert, hier im Juli 1978 in den Gewässern des Puget Sounds. Bremerton im Bundesstaat Washington war der Heimatstützpunkt, sie führte hautsächlich experimentelle Versuchsreihen für die Navy durch, um das Design von Tragflügelbooten grundsätzlich bewerten zu können, auch in der U-Boot-Abwehr, aber keineswegs exklusiv in dieser Sparte. Die Außerdienststellung erfolgte im September 1978.

4.5 U.S. Coast Guard Kutter (WPG, WPC, CG, WYP, WYPc)

Als Gründungsjahr der amerikanischen Küstenwache gilt das Jahr 1790, sie war damals eine Schöpfung des Finanzministers (Secretary of the Treasury) Alexander Hamilton, der den Bau von zehn „Revenue cutters" zur Eintreibung von Zollgebühren durchsetzen konnte. Obwohl es sich heute praktisch um eine eigenständige Seestreitkraft mit einem Personalstand von etwa 40.000 uniformierten Personen und dazu einer etwa gleichen Anzahl von zivilen Arbeitskräften handelt, ist die Bezeichnung „Kutter" für die großen Schiffe erhalten geblieben. Im Ersten Weltkrieg (ab 1917) und kurz vor dem Eintritt der USA in den Zweiten Weltkrieg (ab November 1941) wurde die U.S. Coast Guard der U.S. Navy unterstellt.

Die „moderne" Coast Guard existiert seit 1915 durch Zusammenlegung des „Revenue Cutter Service" mit dem „U.S. Life-Saving Service", zu dem 1939 bzw. 1942 noch der „Lighthouse Service" und das „Bureau of Marine Inspection and Navigation" kam. In Friedenszeiten war bzw. ist die U.S. Coast Guard eine eigenständige Teilstreitkraft und grundsätzlich nicht dem Verteidigungsministerium unterstellt, konkret dem Marineminister (Secretary of the Navy), sondern einem anderen Ministerium, wobei die Zuständigkeiten mehrfach wechselten. In der Nachkriegszeit war es bis 1967 das Finanzministerium (Department of the Treasury), gefolgt vom Verkehrsministerium (Department of Transportation) und seit 2003 ist es das Department of Homeland Security.

Die Coast Guard war zwar auch im Koreakrieg, im Vietnamkrieg und in den Golfkriegen militärisch zu diversen militärischen Überwachungseinsätzen und für logistische Aufgaben im Kampfgebiet eingesetzt, aber dabei nicht mehr formell als Teilstreitkraft der U.S. Navy untergeordnet (sehr wohl aber natürlich deren Kommandostrukturen operativ bei Kampfeinsätzen). Seit 1984 existiert eine Vereinbarung des amerikanischen Verteidigungsministeriums mit dem Verkehrsministerium, welches die Coast Guard bereits in Friedenszeiten stärker in die Territorialverteidigung der USA einbindet; und – als quasi Folge der „9/11"-Terroranschläge von 11.9.2001 –wurde sie 2003 dem, im Jahr 2002 von Präsident George W. Bush neu geschaffenen, U.S. Department of Homeland Security (Heimatschutzministerium) unterstellt (nicht ident mit dem U.S. Department of the Interior, das man als „Innenministerium" übersetzen könnte, aber nicht im klassischen europäischen Sinn für die innere Sicherheit zuständig ist).

Wie bereits in der Einleitung erwähnt, werden hier im Überblick aber nur jene Schiffe der U.S. Coast Guard behandelt, die im Zweiten Weltkrieg unter dem Oberkommando der U.S. Navy eingesetzt wurden (und soweit sie über eine für die Küstenwache-spezifische „WP"-Klassifizierung verfügten). Auch die Fotoauswahl soll nur einem eher kursorischen Überblick der hier behandelten Klassen dienen.

4.5.1 Kutter, Kanonenboot-Typ (WPG)

4.5.1.1 WPG-31 Bibb -Klasse

Die sieben 327 Fuß-Kutter der „Treasury"-Klasse, WPG-31 bis WPG-37 wurden 1936 bis 1937 in Dienst gestellt und nach Finanzministern (Secretariers of the Treasury) der USA benannt. WPG-34, *Alexander Hamilton* wurde nahe Island 1942 von einem deutschen U-Boot versenkt. Die Schiffe wurden 1944 wurden zwischenzeitlich zu „WAGC" (Auxillary, General, Command – Konvoi-Führungsschiffe) umgebaut und umklassifiziert und nach Kriegsende nach Rückbau wieder zu WPG reklassifiziert. WPG-33, *Duane* diente nach dem Umbau 1944 mit der Kennung WAGC-6 als Führungsschiff für Landungsverbände. Einige weitere Einheiten dienten später auch im Vietnam-Krieg. Die Schiffe wurden z.T. nach mehrfachen weiteren Umbauten

WPG-31 bis WPG-37	
Bauwerften	Philadelphia (3), New York (2) Charleston (1) Navy Yards
Stapelläufe	1936 und 1937
Wasserverdrängung	2216 ts
Abmessungen (LxBxT)	99,7 x 12,5 x 4,4 m
Antrieb	Turbinen, 6200 PS, 2 Wellen
Geschwindigkeit	20 kn
Bewaffnung	0 bis 4 x 12,7; 0 bis 3 x 7,6; 0 bis 6 x 4 cm, Wabo

USCGC „Bibb“ (WPG-31), 1936 in Dienst gestellt, gehörte zur „Secretary“-Klasse (auch bekannt als „Treasury“-Klasse), da alle nach amerikanischen Finanzministern benannt waren. Die USCG unterstand zeitweise im Frieden dem US-Finanzministerium, seit 2003 dem Heimatschutzministerium (Department of Homeland Security). Auf Weisung des Präsidenten kann die Küstenwache dem Verteidigungs- bzw. Marineministerium unterstellt werden, was in der Regel in Kriegszeiten geschah. Das Foto stammt aus Ende der 1940er Jahre.

1966, unter Beibehaltung ihrer Kennnummern, zu „WHEC“ (High Endurance Cutters - Kutter mit hoher Seeausdauer) umklassifiziert, und 1981 bis 1988 außer Dienst gestellt.

Schiffserkennung: Glattdecker (Flushdecker) mit Decksprung, hochgezogenem Schanzkleid an Bug und Heck, Geschütz auf der Back, zwei jeweils überhöhte Geschütze dahinter, langgestrecktem, vorne zweistöckigen Aufbau, darauf Steuerhaus, schräger Pfahlmast und schräger großer Schornstein in der vorderen Hälfte, zweiter Mast am hinteren Ende, anfänglich mit Flugzeuganlage mit Portalkran achtern, später stattdessen mit Flak-Wannen und einem weiteren oder zwei Geschützen, Kreuzerheck. Danach auch mit bis zu vier Geschütztürmen, von denen zumindest der auf der Back bis zum Schluss erhalten blieb. Als Kommandoschiffe zwischenzeitlich mit verlängerten zweiten Aufbaudeck und großen Davits. Zuletzt auch Dreibeinmast mit Radar hinter großem Deckshaus achtern.

USCGC Bibb (WPG-31)	USCGC Ingham (WPG-35)
USCGC Campbell (WPG-32)	USCGC Ingham (WPG-35)
USCGC Duane (WPG-33)	USCGC Spence (WPG-36)
USCG Hamilton (WPG-34)	USCGC Taney (WPG-37)

USCGC „Duane“ (WPG-33/WAGC-6/WHEC-33) vor Newport, Rhode Island 1953. Im Zweiten Weltkrieg war sie u.a. zu Wetterpatrouillen im Atlantik im Einsatz und führte 1940 eine Vermessung der Westküste Grönlands durch, danach wurde sie zum Konvoi-Geleitdienst im Atlantik abkommandiert. Sie führte nach dem Krieg auch Einsätze in Vietnam durch und war bis 1985 im aktiven Dienst.

USCGC „Bibb“ (WPG-31), hier mit Tarnanstrich im Zweiten Weltkrieg.

4.5.1.2 WPG-39 Owasco -Klasse

Die 13 der 255 Fuß-Kutter der *Owasco*-Klasse, WPG-39 bis WPG-44 und WPG-64 bis WPG-70 wurden 1944 und 1945 in Dienst gestellt, noch in der Atlantik-Schlacht eingesetzt, später umgebaut und, zum Teil noch nach Vietnam-Einsätzen, 1965 bis 1974 außer Dienst gestellt. 1966 wurden die noch in Dienst befindlichen Einheiten, ebenfalls unter Beibehaltung ihrer Kenn-Nummern, auf „WHEC“ umklassifiziert.

WPG-39 bis WPG-44, WPG-64 bis WPG-70	
Bauwerften	Western Pipe, S. Pedro (11), CG Yards., Curtis Bay (2)
Stapelläufe	1944 und 1945
Wasserverdrängung	1563 ts
Abmessungen (LxBxT)	77,8 x 13,1 x 4,6 m
Antrieb	Turbine, 4000 PS, 1 Welle
Geschwindigkeit	18 kn
Bewaffnung	1 bis 4 x 12,7; 4 bis 8 x 4 cm, Wabo

Schiffserkennung: Glattdecker (Flushdecker) mit Decksprung, Geschützturm auf der Back, jeweils überhöhtem Hedgehog und Flak-Geschütze auf kompaktem hohen Brückenaufbau mit Pfahlmast und kompaktem, sich konisch verjüngendem Schornstein mit schräger Kappe dahinter, achtern weiterem, niedrigerem Aufbau mit Flak-Wanne und einem weiteren Geschützturm auf dem Achterdeck, Kreuzerheck. Nach dem Krieg wurde der vordere Doppelturm durch einen Einzelturm ersetzt, der hintere viel weg, auf den achteren Aufbau kam noch ein Deckshaus und ein weiterer, kleinerer Mast.

USCGC Owasco(WPG-39)
USCGC Winnebago (WPG-40)
USCGC Chautauqua (WPG-41)
USCGC Sebago (WPG-42)
USCGC Iroquois (WPG-43)
USCGC Wachusett (WPG-44)
USCGC Escanaba (WPG-64)
USCGC Winona (WPG-65)
USCGC Klamath (WPG-66)
USCGCMinnetonka (WPG-67)
USCGC Androscoggin (WPG-68)
USCGC Mendota (WPG-69)
USCGC Pontchartrain (WPG-70)

4.5.1.3 WPG-45 Tampa -Klasse

Die vier 240 Fuß-Kutter der *Tampa*-Klasse, WPG-45 bis WPG-48 wurden 1921 in Dienst gestellt und 1948 außer Dienst gestellt.

Schiffserkennung: Glattdecker (Flushdecker) mit Decksprung und Schanzkleid an Bug und Heck, Geschütz auf der Back, einem erhöhten Geschütz auf dem Aufbau mittschiffs mit Steuerhaus, Pfahlmast und hohem dünneren Schornstein darauf, auf dem Achterdeck ein weiteres Geschütz, elliptisches Heck.

WPG-45 bis WPG-48	
Bauwerften	General Engineers, Oakland, Cal.
Stapelläufe	1921
Wasserverdrängung	1780 ts
Abmessungen (LxBxT)	73,2 x 11,9 x 5 m
Antrieb	Turbine, 2600 PS, 1 Welle
Geschwindigkeit	16 kn
Bewaffnung	2 x 7,6; 4 x 2 cm, 1 Seeflugzeug

USCGC Haida (WPG-45)
USCGC Modo (WPG-46)
USCGC Mojave (WPG-47)
USCGC Tampa (WPG-48)

4.5.1.4 WPG-49 Northland -Klasse

Das 216 Fuß-Einzelschiff, WPG-49, USCGC *Northland*, für den Arktis-Einsatz vor Alaska, wurde 1927 in Dienst und 1947 außer Dienst gestellt.

Schiffserkennung: Glattdecker (Flushdecker) mit Decksprung und kleinem Schanzkleid am Heck, Eisbrecher Bug, zwei parallele Geschütze auf der Back, hoher, breiter Brücke, langem anschließenden Aufbau mit Galerie nur mit kleinem Mast und Abgaspfosten vorn, und hohem Pfahlmast mit Kran für Flugzeuganlage auf dem flachen Achterdeck. Anfänglich schmalere Brücke, davor hoher Mast mit Takelung, kein Abgasrohr.

WPG-49	
Bauwerften	Newport News Shipbuilding
Stapelläufe	1926
Wasserverdrängung	2065 ts
Abmessungen (LxBxT)	65,9 x 11,9 x 4,6 m
Antrieb	Turbine, 1200 PS, 1 Welle
Geschwindigkeit	11 kn
Bewaffnung	2 x 7,6 cm

Ein besonders kurioses Schiff war USCGC „Northland" (WPG-49), ein 1926/27 gebautes Kanonenboot der US-Küstenwache mit Hilfsbesegelung, das speziell für arktische Operationen entwickelt worden war.

4.5.1.5 WPG-50 Tallapoosa -Klasse

Die zwei 166 Fuß-Kutter der *Tallapoosa*-Klasse, WPG-50 und WPG-52 wurden 1915 in Dienst gestellt und dienten in beiden Weltkriegen. WPG-50, USCGC *Ossipee* diente im Zweiten Weltkrieg auf den Großen Seen und wurde zu WPR-50 umklassifiziert. Nach Kriegsende wurden beide Schiffe rasch außer Dienst gestellt.

Schiffserkennung: Glattdecker (Flushdecker) mit Deckssprung und Schanzkleid an Bug und Heck, zwei parallelen Geschützen auf der Back, Mast vor der Brücke, hohem Schornstein, zwei kleinen Aufbauten, auf dem achteren davon der hintere Mast, Achterdeck zwei weitere parallele Geschütze, elliptisches Heck. Das Typschiff erhielt später ein leicht erhöhtes Backdeck.

WPG-50, WPG-52	
Bauwerften	General Engineers, Oakland, Cal.
Stapelläufe	1921
Wasserverdrängung	1780 ts
Abmessungen (LxBxT)	73,2 x 11,9 x 5 m
Antrieb	Turbine, 2600 PS, 1 Welle
Geschwindigkeit	16 kn
Bewaffnung	2 x 7,6; 4 x 2 cm, 1 Seeflugzeug

USCGC Ossipee (WPG-50)
USCGC Tallapoosa (WPG-52)

Der Kutter „Ossipee“ (WPG-50), gebaut 1915, war beispielhaft für eines von jenen Schiffen, die ständig zwischen Zugehörigkeit zur Coast Guard und Navy wechselten: 1915 bis 1917 im Dienst der USCG, 1917 bis 1919 der Navy, 1919 bis 1941 wieder Coast Guard und 1941 bis 1945 erneut für die U.S. Navy in Dienst.

4.5.1.6 WPG-53 Tampa -Klasse

Der 190 Fuß-Kutter USCGC *Unalga*, WPG-53 wurde 1912 in Dienst gestellt und diente in beiden Weltkriegen im Geleitdienst und ab 1943 als Tender und Zielschiff für Torpedo-Schnellboote. Nach Kriegsende wurde er bald außer Dienst gestellt. Eine Schwester, USCGC *Tampa*, war 1918 von einem deutschen Flandern-U-Boot versenkt worden.

Schiffserkennung: Backdecker mit am Heck abgestuften kurzen Achterdeck, und mit Deckssprung und Schanzkleid an Bug, zwei parallelen Geschützen auf der Back vor der Brücke mit Mast, dahinter hoher Schornstein, vor dem flachen Achterdeck zwei weitere parallele Geschütze, elliptisches Heck.

WPG-53	
Bauwerften	Newport News Shipbuilding
Stapelläufe	1911
Wasserverdrängung	1181 ts
Abmessungen (LxBxT)	58 x 9,8 x 4,3 m
Antrieb	Dampfmaschine, 2400 PS, 1 Welle
Geschwindigkeit	16 kn
Bewaffnung	2 x 7,6 cm

4.5.1.7 WPG-54 Shawnee -Klasse

Das 158 Fuß-Einzelschiff USCGC *Shawnee* (WPG-54) von 2021wurde nach Kriegsausbruch rasch zum unbewaffneten Hilfsschlepper (WAT-54) umklassifiziert und bald nach Kriegende ausgemustert.

WPG-54	
Bauwerften	General Engineers, Oakland, Cal.
Stapelläufe	1921
Wasserverdrängung	900 ts
Abmessungen (LxBxT)	48,3 x 9,8 x 4,2 m
Antrieb	Dampfmaschine, 1800 PS, 1 Welle
Geschwindigkeit	13 kn
Bewaffnung	keine

U.S. Coast Guard Cutter „Shawnee" (WPG-54) in einer undatierten Navy-Aufnahme.

4.5.1.8 WPG-59 -Klasse

Fünf höchst unterschiedliche, angekaufte bzw. übernommene Yachten und Kutter, die zwischen 1896 und 1932 gebaut wurden, von 1.400 bis 3.500 ts. USCGC *North Star*, WPG-59, war ein ehemaliger Kutter des Innenministeriums, der von 1941 bis 1943 bei der U.S. Coast Guard diente, zuletzt als USS *North Star* IX-148 mit Coast Guard-Besatzung bis 1945 fuhr. Die ehemalige private Yacht USCGC *Nourmahal*, WPG-72 wurde 1940 übernommen, 1943 kurz als PG-72 an die U.S. Navy abgegeben, danach zu WPG-122 umbenannt und kurz nach Kriegsende außer Dienst gestellt. Die Yacht USCGC *Cobb*, WPG-181 wurde 1943 in Dienst gestellt und 1947 verschrottet. Die ehemalige private Yacht, WPG-183 war 1898 bis 1929 als USS *Mayflower* (PY-1) Yacht des U.S.-Präsidenten, wurde 1943 für die U.S. Coast Guard adaptiert und 1948 verkauft. Die ehemalige private Yacht USCGC *Sea Cloud*, WPG-284 wurde 1942 von der U.S. Coast Guard in Dienst gestellt, 1943 aber schon wieder an die U.S. Navy als IX-99 abgegeben, die das Schiff im nächsten Jahr außer Dienst stellte und verkaufte.

Schiffserkennung: Alle Einheiten hatten einen Schornstein etwa in der Schiffsmitte und alle, außer WPG-183 und WPG-284, zwei Masten, an Segelyachten (WPG-183 und WPG-284) bzw. eher an Fährschiffe (WPG-59, -122 und -181) bzw. an Motoryachten (WPG-122) erinnernde Rumpfformen. WPG-59 war Inseltyp, WPG-122 Backdecker, die anderen Glattdecker (Flushdecker). Die meisten hatten je ein Geschütz auf der Back und achtern. WPG-183 ein weiteres Geschütz achtern. WPG-181 hatte zu Versuchszwecken ein großes Helikopter-Landedeck, WPG-59 eine Flugzeuganlage achtern.

WPG-59, WPG-122, WPG-182, WPG-183, WPG-284	
Bauwerften	Delaware R., Thompson Clydeb., Berg Sbdg., Krupp Germ. (2)
Stapelläufe	1896 bis 1932
Wasserverdrängung	1435 bis 3500 ts
Abmessungen (LxBxT)	68,6 bis 96,38 x 11 bis 17 x 5,3 bis 8,5 m
Antrieb	Dampf, Turbinen, Diesel, 1500 bis 6400 PS, 1 bis 3 Wellen
Geschwindigkeit	13 bis 17 kn
Bewaffnung	0 bis 2 x 12,7; 0 bis 2 x 10,2; 0 bis 2 x 7,6 cm; 0 bis 8 x 2 cm, 0 bis 8 MG, Hedgehog, Wabo, 0 bis 1 Helikopter

4.5.1.9 WPG-75 Algonquin -Klasse

Die sechs 165 Fuß-Kutter der *Algonquin*-Klasse, WPG-75 bis WPG-80 wurden 1932 bis 1934 in Dienst gestellt. WPG-77, USCGC *Escebana* ging 1943 in einem Atlantik-Konvoi verloren. Alle übrigen wurden 1947 außer Dienst gestellt.

Schiffserkennung: Glattdecker (Flushdecker) mit Deckssprung und Schanzkleid an Bug und Heck, Geschütz auf der Back, hoher Brücke mit anschließendem Aufbau mittschiffs mit Steuerhaus, Pfahlmast und Schornstein und Geschütz am achteren Ende darauf, auf dem Achterdeck Wasserbomben-Ablaufgestelle, Kreuzerheck.

WPG-75 bis WPG-80	
Bauwerften	Pusey & Jones (3), Defoe (2)
Stapelläufe	1932 bis 1934
Wasserverdrängung	1005 ts
Abmessungen (LxBxT)	50,3 x 11 x 4,1 m
Antrieb	Turbinen, 1500 PS, 1 Welle
Geschwindigkeit	13 kn
Bewaffnung	2 x 7,6; 3 x 2 cm, Wabo

USCGC Algonquin (WPG-75)
USCGC Comanche (WPG-76)
USCGC Escanaba (WPG-77)
USCGC Mohawk (WPG-78)
USCGC Onondaga (WPG-79)
USCGC Tahoma (WPG-80)

Auch USCGC „Algonquin" (WPG-75) wurde im Zweiten Weltkrieg intensiv zum Konvoi-Geleitdienst im Atlantik verwendet. Die Aufnahme stammt wahrscheinlich aus 1943.

4.5.1.10 WPG-85 Gresham -Klasse

Das 190 Fuß-Einzelschiff USCGC *Gresham*, Überbleibsel einer Klasse von ursprünglich vier Schiffen, WPG-85 von 1897 wurde nach Kriegsausbruch von der U.S. Coast Guard angekauft und bald nach Kriegende ausgemustert.

Schiffserkennung: Backdecker mit zweistufiger Abstufung zum kurzen Achterdeck und mit Deckssprung, einem Geschütz auf der Back vor der Brücke mit Mast, dahinter auf flachem Aufbau hoher Schornstein, elliptisches Heck.

WPG-85	
Bauwerften	Globe Iron Works
Stapelläufe	1896
Wasserverdrängung	1090 ts
Abmessungen (LxBxT)	62,8 x 9,8 x 4,1 m
Antrieb	Dampfmaschine, 1000 PS, 1 Welle
Geschwindigkeit	13 kn
Bewaffnung	3 x 7,6; 4 x 2 cm, WaBo

WPG-85 „Gresham" in einer USCG-Aufnahme 1943.

4.5.1.11 WPG-136 Chelan -Klasse

Die zehn 250 Fuß-Kutter der „Lake"-Klasse, die 1928 bis 1932 noch ohne Kennung in Dienst stellten, wurden 1941 im Rahmen des Lend-Lease-Abkommens an die Royal Navy abgegeben, wo sie als *Lulworth* bzw. *Banff*-Klasse als Sloops Geleitdienste leisteten, wobei drei verloren gingen. Nach Kriegsende wurden die übrigen an die U.S. Coast Guard zurückgegeben, die zum Teil noch die neuen Kennungen PG-136, PG-164, PG-319 bzw. PG-321 und neue Namen erhielten, danach aber rasch außer Dienst stellten.

Schiffserkennung: Sehr ähnlich der WPG-45 -Klasse, etwa 3 Meter länger.

WPG-136	
Bauwerft	Bethleham Steel, Quincy, Mas.
Stapelläufe	1927 bis 1932
Wasserverdrängung	2108 ts
Abmessungen (LxBxT)	76 x 13 x 3,9
Antrieb	Turbinen, 3350 PS
Geschwindigkeit	18 kn
Bewaffnung	1 x 12,7; 1 x 7,6; 2 x 5,7 cm, Wabo

USCGC Cayuga (1932); später-HMS Totland (Y88); USCGC Mocoma (WPG-163)
USCGC Champlain (1929); später-HMS Sennen (Y21); USCGC Champlain (WPG-319)
USCGC Chelan (1928); später-HMS Lulworth (Y60)
USCGC Itasca (1929); später-HMS Gorleston (Y92); USCGC Itasca, (WPG-321)
USCGC Mendota (1929); später-HMS Culver (Y87)
USCGC Pontchartrain (1928); später-HMS Hartland (Y00)
USCGC Saranac (1930); später-HMS Banff (Y43); USCGC Sebec (WPG-164); USCGC Tampa (WPG-164)
USCGC Sebago (1930); später-HMS Walney (Y04)
USCGC Shoshone (1931); später-HMS Landguar (Y56)
USCGC Tahoe (1928); später-HMS Fishguard (Y59)

Die Schiffe der US-Küstenwache erlebten sehr diverse Einsätze und Verwendungen. Hier USCGC „Chelan" (WPG-136), ein 1927/28 gebauter Kutter der „Lake"-Klasse, der als Teil des Lend-Lease-Abkommens an die Royal Navy übertragen wurde und als HMS „Lulworth" (Y 60) für Konvoy-Geleitschutzaufgaben eingesetzt wurde. 1946 an die USCG retourniert und 1947 auf Abbruch verkauft.

4.5.2 Kutter, Patrouillenfahrzeug-Typ (WPC, CG)

4.5.2.1 WPC-100 Argo -Klasse

Die 17 der 165 Fuß-Kutter der *Argo*-Klasse, WPC-100 bis WPC-116 und WPC-187, wurden 1932 bis 1934 gebaut. USCG *Electra*, WPC-187 wurde bereits 1935 an die U.S. Navy als Präsidenten-Yacht USS *Potomac* (AG-25) abgegeben. Diese wurde 1945 und die anderen Einheiten wurden von 1948 bis 1962 außer Dienst gestellt. 1966 wurden die noch in Dienst befindlichen Einheiten zu „WMEC“ (Medium Endurance Cutters - Kutter mit mittlerer Seeausdauer) unter Beibehaltung ihrer Nummern umklassifiziert.

WPC-100 bis WPC-116	
Bauwerften	Bath I.W. (6), Marietta, Manitowac, Lake Union je (3)
Stapelläufe	1931bis 1934
Wasserverdrängung	337 ts
Abmessungen (LxBxT)	50,3 x 7,7 x 2,9 m
Antrieb	Diesel, 1340 PS, 2 Wellen
Geschwindigkeit	16 kn
Bewaffnung	1 bis 2 x 7,6; 2 x 2 cm, Hedgehog, WaBo

Schiffserkennung: Lang gestreckte Glattdecker (Flushdecker) mit Deckssprung und relativ niedrigem Freibord, Geschütze auf der Back und auf dem Achterdeck, am vorderen und hinteren Ende des langgestreckten flachen Aufbau Flak-Wannen. Auf dem Aufbau vorn Steuerhaus mit Mast, zwei niedrigen Schornsteinen und achterem Mast, am Heck Wasserbomben-Ablaufgestelle.

USCGC Argo (WPC-100)
USCGC Ariadne (WPC-101)
USCGC Atalanta (WPC-102)
USCGC Aurora (WPC-103)
USCGC Calypso (WPC-104)
USCGC Cyane (WPC-105)
USCGC Daphne (WPC-106)
USCGC Dione (WPC-107)
USCGC Electra (WPC-187)
USCGC Galatea (WPC-108)
USCGC Hermes (WPC-109)
USCGC Icarus (WPC-110)
USCGC Nemesis (WPC-111)
USCGC Nike (WPC-112)
USCGC Pandora (WPC-113)
USCGC Perseus (WPC-114)
USCGC Thetis (WPC-115)
USCGC Triton (WPC-116)

USCGC „Pandora“ (WPC-113) vor der Norfolk NY am 28.8.1942 war ein sogenannter 165 Fuss „B-Class Cutters“, auch als „Thetis“-Klasse bezeichnet, sie wurden vom Design her noch zur Überwachung der Prohibition, also des Alkoholverbots in den USA, entworfen. Das Schiff war von 1934 bis 1959 in Dienst (Foto USCG).

4.5.2.2 WPC-125 Active -Klasse

Die 33 der 125 Fuß-Kutter der *Active*-Klasse, WPC-125 bis WPC-156 und WIX-157 wurden 1926 und 1927 gebaut. Sie wurden 1942 meist als „WSC“ (U-Boot-Jäger) unter Erhalt ihrer Kennnummer umklassifiziert. USCGC Jackson, WSC-142 und USCGC *Bedloe*, ex-*Antietam*, WSC-128 gingen 1944 im Orkan verloren. WIX-157 diente ab 1935 als Tender USS *Cuyahoga*, AG-26 für die Präsidenten-Yacht und wurde 1941 an die U.S. Coast Guard zurückgegeben. Letztere ging noch 1978 durch Kollision verloren Die übrigen überlebenden Einheiten wurden von 1948 bis 1971 außer Dienst gestellt. 1966 wurden auch diese seinerzeit noch in Dienst befindlichen Einheiten zu „WMEC“ unter Beibehaltung ihrer Kenn-Nummern umklassifiziert.

Die zuletzt seit 2012 gebauten Fast Response Cutter (Schnellen Reaktions-Kutter) der „Sentinel“-Klasse wurden wieder als (WPC-1101 bis WPC-1164) klassifiziert.

WPC-125 bis WPC-157	
Bauwerft	New York Schipbuilding
Stapelläufe	1926 und 1927
Wasserverdrängung	220 ts
Abmessungen (LxBxT)	77,8 x 38,1 x 2,7 m
Antrieb	Diesel, 600 PS, 2 Wellen
Geschwindigkeit	12 kn
Bewaffnung	1 x 7,6 oder 4; 0 bis 2 x 2 cm, Hedgehog, Wabo

Schiffserkennung: Kompakte Glattdecker (Flushdecker) mit Schanzkleid vorn und achtern, Deckssprung Geschütz auf der Back, hohem kompakten Brückenaufbau mit Mast, kleinem Schornstein und Flak-Brustwehr darauf, am Heck Wasserbomben-Ablaufgestelle.

USCGC „Faunce“ (WPC-138) in einer Aufnahme aus dem Zweiten Weltkrieg. Das Schiff war von 1927 bis 1948 in Dienst der Küstenwache (Foto USCG).

Active (WPC-125)
Agassiz (WPC-126)
Alert (WPC-127)
Bedloe, ex-Antietam (WPC-128)
Bonham (WPC-129)
Boutwell (WPC-130)
Cahoone (WPC-131)
Cartigan (WPC-132)
Colfax, ex- Montgomery (WPC-133)
Crawford (WPC-134)
Diligence (WPC-135)
Dix (WPC-136)
Ewing (WPC-137)
Faunce (WPC-138)

Frederick Lee (WPC-139)
General Greene (WPC-140)
Harriet Lane (WPC-141)
Jackson (WPC-142)
Kimball (WPC-143)
Legare (WPC-144)
Marion (WPC-145)
McLane (WPC-146)
Morris (WPC-147)
Nemaha (WPC-148)
Pulaski (WPC-149)
Reliance (WPC-150)
Rush (WPC-151)
Tiger (WPC-152)
Travis (WPC-153)
Vigilant (WPC-154)
Woodbury (WPC-155)
Yeaton (WPC-156)
Cuyahoga (WPC-157)

4.5.2.3 CG-100 -Klasse

Die 203 der 74 Fuß-Patrouillenboot-Kutter CG-100 bis CG-302 wurden 1924 und 1925 gebaut. Viele davon gingen nach Ende der Prohibition als Hafen-Patrouillenboote „YP" an die US-Navy. Bereits in den Jahren 1932 bis 1939 wurden zahlreiche Einheiten außer Dienst gestellt. 12 gingen durch Unfälle, GG-252 1942 als USS *YP-26* verloren. Die bei der U.S. Coast Guard verbliebenen 52 Einheiten wurden später in WPB-74.300 bis WPB-74.351 umbenannt und 1946 bis 1948 verkauft.

Schiffserkennung: Motor-Barkassen-artige Glattdecker (Flushdecker) mit Schanzkleid vorn, Geschütz auf der Back, hohem Steuerhaus mit kleinem Mast vorn, dahinter flachem, niedrigen Aufbau mit Abgaspfosten, Spiegelheck.

CG-100 bis CG-302	
Stapelläufe	1924 und 1925
Wasserverdrängung	37 ts
Abmessungen (LxBxT)	22,8 x 4,2 x 1,2 m
Antrieb	Benzinmotoren, 400 PS, 2 Wellen
Geschwindigkeit	14 kn
Bewaffnung	1 x 3,7 cm

USCGC „Belleville" (WPC-372) aufgenommen 1943, dahinter ein YMS. Gebaut 1917 als hölzerner U-Jäger SC-258 und dann 1921 zivil veräußert, 1942 via War Shipping Administration für die Küstenwache requiriert und dort bis zum Juni 1945 in aktivem Dienst (Foto USCG).

4.5.2.4 CG-400 -Klasse

Die sechs 78 Fuß-Patrouillenboot-Kutter CG-400 bis CG-405 wurden 1929 bis 1931 gebaut. Sie wurden später in WPB-78.300 bis WPB-78.305 umbenannt. Alle wurden 1946 bis 1948 verkauft.

Schiffserkennung: Sehr ähnlich der CG-100-Klasse.

CG-400 bis CG-405	
Stapelläufe	1929 und 1931
Wasserverdrängung	43 ts
Abmessungen (LxBxT)	24 x 4,4 x 1,2 m
Antrieb	Benzinmotoren, 1070 PS, 2 Wellen
Geschwindigkeit	22 kn
Bewaffnung	1 x 3,7 cm

4.5.2.5 CG-406 -Klasse

Die neun 80 Fuß-Patrouillenboot-Kutter CG-406 bis CG-414 wurden 1937 gebaut. Sie wurden später in WPB-80.300 bis WPB80.308 umbenannt. Außerdem wurden noch je zwei 62- bzw. 75 Fuß-Patrouillenboot-Kutter CG-440 bis CG-443 gebaut. Alle wurden 1945 bis 1948 verkauft.

Schiffserkennung: Glattdecker (Flushdecker) mit deutlichem Deckssprung, Geschütz vorn auf der Back, Dahinter stromlinienförmiges, niedriges Steuerhaus mit kleinem Mast weit vorn, dahinter relativ großer schräger Schornstein, Spiegelheck. CG-440 bis CG-442 waren sehr ähnlich, jedoch ohne den prominenten Schornstein.

CG-406 bis CG-414	
Bauwerft	Gibbs Gas Eng. (5), Harbour Boat, Terminal I (4)
Stapelläufe	1937
Wasserverdrängung	52 ts
Abmessungen (LxBxT)	24 x 4,4 x 1,2 m
Antrieb	Benzinmotoren, 1600 PS, 2 Wellen
Geschwindigkeit	25 kn
Bewaffnung	1 x 3,7 cm

4.5.2.6 CG-450 -Klasse

Die 230 von 1941 bis 1944 gebauten 83 Fuß-Patrouillenboot-Kutter (anfänglich z.T. mit Kennungen von CG-450 bis CG-634) wurden später in WPB-83.300 bis WPB-83.529 umbenannt. Vier gingen im Krieg verloren, insgesamt zwölf weitere Boote gingen an Kuba, Venezuela, die Dominikanische Republik und an Haiti. Die U.S. Boote stellten in den 1950er und 1960er Jahre außer Dienst. Als Nachfolger dieser „CG"-Einheiten wurden ab 1953 die Patrouillenboot-Kutter der recht ähnlichen „Cape" (WPB-95.300 bis -95.335) und „Point" (WPB-82.301 bis 82.379) -Klassen z.T. mit kleinem Schornstein, ab 1986 die der größeren „Island"-Klasse (WPB-1301 bis WPB 1316) gebaut, die sämtlich eine „WPB"-Kennung erhielten.

Schiffserkennung: Glattdecker (Flushdecker) mit Schanzkleid vorn, niedriges Steuerhaus mit kleinem Mast weit vorn, dahinter geschwungen abfallender Aufbau, Geschütz auf dem Achterdeck, Spiegelheck.

CG-450 bis CG-489, CG-491 bis CG-499, CG-600 bis CG-634, WPB-83.384 bis WPB-83.529	
Stapelläufe	1941 bis 1944
Wasserverdrängung	50 ts
Abmessungen (LxBxT)	25,3 x 4,4 x 1,2 m
Antrieb	Benzinmotoren, 1200 PS, 2 Wellen
Geschwindigkeit	24 kn
Bewaffnung	1 x 2 cm

4.5.3 Kutter, Patrouillen-Yacht-Typ (WYP, WYPc)

4.5.3.1 WYP-163 -Klasse

Die 47 Patrouillen-Yacht-Kutter WYP-163 bis WYP-384 waren mit einer Ausnahme alle unter 400 ts, jedoch (mit zwei Ausnahmen) alle mit mehr als etwa 150 ts vermessen, und waren zwischen 1901 und 1941 gebaut. Sie waren 1942 für die U.S. Coast Guard in Dienst gestellt worden. Fünf gingen im Krieg verloren. Fast alle überlebenden Einheiten wurden nach Ende des Krieges an die Eigner zurückgegeben oder veräußert. WYP-367 gelangte 1955 an die Marine von Haiti.

WYP-163 bis WYP-384 (47 Einheiten)	
Stapelläufe	1901 bis 1941
Wasserverdrängung	78 bis 386 ts

Schiffserkennung: Höchst heterogene Klasse aus Privat-Yachten, Behördenfahrzeugen, und vor allem Fischdampfern und dergleichen, sowie sogar einer ehemaligen Sloop der Royal Navy aus dem ersten Weltkrieg („Kil"-Klasse).

4.5.3.2 WYPc-27 -Klasse

Die zehn Küsten-Patrouillen-Yacht-Kutter WYPc-27 bis WYPc-386 waren mit zwei Ausnahmen alle unter 300 ts, jedoch fast alle mit mehr als 100 ts vermessen, und waren zwischen 1910 und 1930 gebaut und 1942 für die U.S. Coast Guard in Dienst gestellt worden. Keines ging im Krieg verloren. Alle Einheiten wurden nach Ende des Krieges an die Eigner zurückgegeben oder veräußert.

WYPc-27 bis WPYc-386 (10 Einheiten)	
Stapelläufe	1910 bis 1930
Wasserverdrängung	79 bis 357 ts

Schiffserkennung: Höchst heterogene Klasse aus Privat-Yachten, Behördenfahrzeugen und vor allem Fischdampfern und dergleichen.

WYP „Amarock" der US-Küstenwache, in Grönland im Zweiten Weltkrieg.

WYP-163 „Atak“ der USCG, aufgenommen 1942. Es handelt sich um den ehemaligen Trawler „Winchester“ (Foto USCG).

Ein weiteres Foto von WYP-163 „Atak“, einer der vielen ehemaligen Trawler, die bei Kriegsbeginn von der Küstenwache in Dienst gestellt wurden.

Anhang

Abkürzungen

Nachstehend werden Klassifikationen und andere Navy-Abkürzungen vorwiegend in Form grundsätzlicher deutscher und englischer Bedeutung erläutert (die amtliche Bezeichnung und die Bedeutung bzw. Herkunft sind dabei nicht immer gleich). Zahlreiche Buchstaben werden von der Navy auch in doppelter Bedeutung verwendet und auch die amtliche Erklärung der Abkürzungen unterliegt oftmals Änderungen im Detail in Dokumenten der Navy. Seltene Abkürzungen, die direkt im Fließtext erklärt werden, sind hier nicht immer wiederholt.
Die U.S. Navy liebt Abkürzungen, die in der Regel alle auch im DICNAVAB (*Dictionary of Naval Abbreviatios*) zu finden sind, der in zahlreichen Ausgaben erschienen ist (*Naval Institue Press, Annapolis, Maryland*).

AA	Anti-Aircraft Gun / Flugabwehrkanone
AG	Auxiliary Ship/General / Hilfsschiff genereller Art
AGEH	Auxillary General Experimantal, Hydrofoil / Versuchs-U-Boot-Jäger vom Tragflügel-Typ
AGS	Auxiliary Ship/General/Survey / Vermessungsschiff (Forschungsschiff)
AM	Auxiliary Ship/Mine Sweeper / Minensucher
AMc	Auxiliary Ship/Mine Sweeper/Coast / Küsten-Minensucher
AMS	Auxiliary Motor Minesweeper / Motor-Minensucher
AO	Auxiliary Ship/Oiler/ Flottentanker
AP	Auxiliary Ship/Transport
ARS	Auxiliary Ship/Rescue and Salvage / Rettungs- und Bergungsschiff
ASPB	River Assault Support Patrol Boat / Fluss-Angriffsunterstützungs-Patrouillenboot
ASR	Auxiliary Ship/Submarine/ Rescue and Salvage / U-Boot-Bergungsschiff
ASW	Anti-Submarine Warfare / U-Abwehr
AT	Auxiliary Ship, Tug / Schlepper
BB	Battleship / Schlachtschiff
BB	Boat Building / Bootswerft
BPT	British Motor Torpedo Boat / Torpedoschnellboot, gebautfür Großbritannien
CA	Cruiser Armoured / Schwerer Kreuzer
CB	Cruiser Big / Großer Kreuzer (Schlachtkreuzer)
CC(P)B	Coastal Command (Patrol) Boat / Küsten-Kommando (Patrouillen-)Boot
CCB	Command and Control Boat / Kommando- und Kontrollboot
CG	Coast Guard / Küstenwache
CNO	Chief of Naval OperationsD
CV	Carrier Vessel / Flugzeugträger (ursprünglich aber abgeleitet von: Cruiser/Aviation)
DANFS	Dictionary of American Naval Fighting Ships
DD	Destroyer / Flottenzerstörer
DD	Dry Dock / Trockendock
DE	Destroyer/Escort / Geleitzerstörer
DEG	Destroyer/Escort Guided Missile / Lenkwaffen-Geleitzerstörer
FF	Grigate / Fregatte
DDG	Destroyer/Guided Missile / Lenkwaffenzerstörer
FFG	Frigate/Guided Missile / Lenkwaffen-Fregatte
FY	Fiscal Year (als US-Haushaltsjahr; immer 1. Oktober bis 30. September)
HMS	Her Majesty's Ship (britisch)
HMAS	Her Majesty's Australian Ship
HMCS	Her Majesty's Canadian Ship
IX	„Unclassified–miscellaneous" / Spezialschiffe ohne genaue Zuordnung
MAP	Military Assistance Program
MARAD	Maritime Administration
MC	Maritime Commission
MDAP	Military Defense Assistance Program
MG	Maschinengewehr
MSC	Military Sealift Comand
MV	Motor Vessel (Motorschiff)
NDRF	National Defense Reserve Fleet
NRF	Naval Reserve Force
NSF	National Science Foundation
NTS	Naval Transportation Service
NVR	Naval Vessel Register (Schiffsregister der U.S. Navy)
PACV	Patrol Air Cussion Vehicle / Patrouillen-Luftkissenfahrzeug
PB	All-Weather Patrol Boat / Allwetter-Patrouillenboot
PBC	Patrol Boat, Coastal / Patrouillen-Küsten-Fahrzeug
PBR	Patrol Boat River / Fluss-Patrouillenboot
PC	Patrol Boat/Craft, Coastal / Küsten-Patrouillenboot
PC	Patrol Craft/ Patrouillenfahrzeug
PC	Submarine Chaser, Steel / U-Boot-Jäger mit Stahlrumpf

PCE	Patrol Craft Escort / Patrouillenfahrzeug für Geleitaufgaben
PCE	Patrol Craft Escort / U-Boot-Jäger, Geleitertyp
PCE(R)	Patrol Craft Escort (Rescue) / U-Boot-Jäger, Geleitertyp (Rettung)
PCF	Patrol Craft Fast / Schnelle Patrouillen-Fahrzeuge
PCH	Patrol Craft Hydrofoil / Patrouillenfahrzeug vom Tragflügel-Typ (für U-Jagd)
PCS	Patrol Craft Sweeper / U-Boot-Jäger, Minensuchertyp
PE	Eagle Class Patrol Vessel / Patrouillen-Fahrzeug Typ Eagle
PF	Patrol Frigate / Patrouillen-Fregatte
PG	Patrol Gun Boat / Kanonenboot
PGH	Patrol Gun Boat, Hydrofoil / Tragflügel-Kanonenboot
PGM	Motor Gun Boat / Motor-Kanonenboot
PHM	Patrol Combatant (Boat) Missile, Hydrofoil / Lenkwaffen-Tragflügelboot
PR	Patrol River (Gun Boat) / Fluss-Kanonenboot
PS	Pferdestärken
PT	Torpedoschnellboot/Motor Torpedo Boat
PTC	Motor Boat Submarine Chaser / U-Boot-Jäger, Schnellboottyp
PTF	Fast Patrol (Torpedo) (Craft) / Schnelles Torpedo-Patrouillenboot
PY	Patrol Yacht / Patrouillen-Yacht
PYc	Patrol Yacht, Coastal / Küsten-Patrouillen-Yacht
RPC	River Patrol Craft / Fluss-Patrouillen-Fahrzeug
RPT	Russia - Motor Torpedo Boat / Torpedoschnell-boot, gebaut für Russland
SAM	Surface to Air Missile / Boden-Luft Rakete
SAR	Search and Rescue
SB	Shipbuilding
SC	Submarine Chaser (Wood) / U-Boot-Jäger (mit Holzrumpf)
SECNAV	Secretary of the Navy (U.S. Marineminister)
SECNAVINST	Instruction of the Secretary of the Navy (Marineinister-Verordnung)
SS	Submarine / (Flotten-)U-Boot
SS	Steam Ship (Dampfschiff)
SSC	Small Surface Combatants / Kleine Kampfschiffe
SSM	Surface to Surface Missile / Boden-Boden Rakete
TR	Torpedo Retriever / Torpedo-Fangboot
ts	Tons / Tonnen (Long tons zu 1016 Kilogramm)
USC&GS	U.S. Coast and Geodetic Survey
USCG	U.S. Coast Guard
USCGC	U.S. Coast Guard Cutter (Präfix für USCG-Schiffe)
USMC	U.S. Marine Corps
USN	U.S. Navy
USNS	U.S. Naval Ship (Präfix für MSTS/MSC-Schiffe)
USS	U.S. Ship (Schiff im Dienst der Navy)
USSB	U.S. Shipping Board
WaBo	Wasserbomben
WHEC	Watch - High Endurance Cutter / Kutter mit hoher Seeausdauer (Küstenwache)
WMEC	Watch - Medium Endurance Cutter / Kutter mit mittlerer Seeausdauer (Küstenwache)
WPB	Watch - Patrol Boat Type / Patrouillenboot-Typ (Küstenwache)
WPC	Watch - Patrol Craft / Patrouillenfahrzeug-Typ (Küstenwache)
WPG	Watch - Gun Boat Type / Kanonenboot-Typ (Küstenwache)
WPR	Watch - River Gunboat / Fluss-Kanonboot-Typ (Küstenwache)
WSA	War Shipping Administration
WSC	Watch - Submarine Chaser / U-Boot-Jäger-Typ (Küstenwache)
WYP	Watch - Patrol Yacht / Patrouillen-Yacht-Typ (Küstenwache)
WYPc	Watch - Patrol Yacht Coastal / Küsten Patrouillen-Yacht-Typ (Küstenwache)
YAG-	District Auxiliary, Miscellanous / kleine Bereichs-fahrzeuge (Werft/Hafen)
YMS	Auxiliary Motor Mine Sweeper / Motorgetrie-bene Hilfsminensucher
YP	Yard/Patrol Craft / Hafen-Patrouillenfahrzeug
YT	Yard Harbor Tug / Hafenschlepper

Bedeutung von Buchstaben vor einer US-Navy-Klassifikation:

Folgende vorangestellte und zumeist mit Bindestrich abgetrennte Buchstaben sind nicht Teil der Klassifikation, sondern der Zugehörigkeit zu einer bestimmten Organisation oder ein Sonderzeichen für eine künftige Verwendung:

B/ British (d.h. Schiff des US-Bauprogramms für die Briten im Zweiten Weltkrieg), E/Evaluation – Experimental (Testschiff der Operational Test and Evaluation Force), R/ Russian (d.h. Schiff des US-Bauprogramms für die Russen im Zweiten Weltkrieg), T/ Transport (d.h. ein Schiff betrieben von MSTS/MSC), W/ ursprünglich von „Watch“ (d.h. ein Schiff betrieben von der USCG; die Küstenwache nennt ihre Schiffe Cutter/Kutter).

Bildquellennachweis

Alle hier verwendeten Fotos und Illustrationen stammen, sofern nicht ausdrücklich anders angegeben, aus für die Öffentlichkeit freigegebenen Beständen der U.S. Navy und sind als Werke der Regierung der Vereinigten Staaten gemeinfrei.
Als Werke der Regierung der Vereinigten Staaten von Amerika gelten u.a. Fotografien, die von einem Beamten oder Angestellten der Regierung „als Teil der offiziellen Pflichten dieser Person" hergestellt wurden („*a work prepared by an officer or employee … as part of that person's official duties*"). Dies trifft auf fast alle hier veröffentlichten Fotografien zu, d.h. sie stammen in der Regel nicht nur aus den freigegebenen („declassified") Archivbeständen der U.S. Navy, in denen sich auch an die U.S. Navy übertragene Fotografien mit komplexerem Copyright-Status befinden könnten, sondern wurden alle von der U.S. Navy selbst hergestellt. Im Allgemeinen sind gemäß Artikel 105 des Urheberrechtsgesetzes solche Werke nach US-amerikanischem Recht nicht urheberrechtlich geschützt und daher gemeinfrei. Sie bedürfen aufgrund dieser Gesetzeslage auch keiner gesonderten Freigabe durch eine Regierungsinstitution.
Mehrere Fotos stammen auch von Wikipedia Commons (hier abgekürzt als WiCo, unter zusätzlicher Angabe des Fotografen, soweit möglich), in einigen Einzelfällen aus anderen Quellen, die dann direkt am Bild angeführt werden.

USS „Typhoon" (PC-5) lässt im Rahmen eines Manövers ein spezielles Beiboot, ein Rigid Hull Inflatable Boat (RHIB), zu Wasser. Aufnahme vom März 2014 bei der 5. Flotte.

Literaturverzeichnis (Auswahl)

Neben gedruckten Quellen soll hier auch auf einige hervorragende Internet-Seiten hingewiesen werden, die für die Erstellung dieses Buches sehr hilfreiche Quellen waren:

Forum Marinearchiv *https://forum-marinearchiv.de*
Naval History and Heritage Command: *https://www.history.navy.mil*
NavSource Naval History. Photographic History of the U.S. Navy: *https://www.navsource.org*
Shipbuilding History. Construction records of U.S. and Canadian shipbuilders and boatbuilders: *http://www.shipbuildinghistory.com*
U.S. Navy Office of Information, Chief of Information: *https://www.navy.mil*
Des Weiteren: *https://www.navypedia.org/ships_index.htm* und *http://www.splinterfleet.org* *und https://www.subchaser.org/home*

Periodisch erscheinende Flottenhandbücher:

Alamanacco Navale, Institut Idrografico della Marina, Genua
Combat Fleets of the World, Naval Institute Press, Annapolis
Flottes de Combat, Editions d'Outre-Mer, Paris
Jane's Fighting Ships, Jane's Publishing Company, London
The Ships and Aircraft of the U.S. Fleet, Naval Institute Press, Annapolis
Weyers Flottentaschenbuch/Weyers Warships of the World, Bernard & Graefe Koblenz (davor J.F. Lehmanns München)

Bücher und Studien:

Andruss, Frank J.: Building the PT Boats: An Illustrated History of U.S. Navy Torpedo Boat Construction in World War II. Ann Arbor 2009
Auer, James E.: The Postwar Rearmament of Japanese Maritime Forces 1945-71. New York 1973
Boniface, Patrick: u.s. Navy Warships & Auxiliaries. Including Coast Guard. Annapolis 2019
Bruns, Sebastian: US Naval Strategy and National Security: The Evolution of American Maritime Power. London-New York 2019
Bulkley, Robert J. Jr.: At Close Quarters; PT Boats in The United States Navy. New York 2015
Cagle, Malcolm W./Manson, Frank A.: Sea war in Korea. Annapolis 1957
Campbell, John: Naval Weapons of World War Two. London 1985
Conway's All the World's Fighting Ships, Vo. I-IV. London 1979-1983
Cowin, Hugh W.: Conway's Directory of Modern Naval Power 1986. London 1985
Croizat, Victor: The Brown Water Navy: The River and Coastal War in Indo-China and Vietnam, 1948-1972: River and Coastal War in Indo-China and Vietnam, 1948-72. Dorset 1984
Cutler, Thomas J.: Brown Water, Black Berets: Coastal and Riverine Warfare in Vietnam. Annapolis 1988
Department oft he Navy (Herausgeber): Boats of the United States Navy, NAVSHIPS 250-452, Washington 1967
Dictionary of American Naval Fighting Ships, Vol. I-VIII. Washington ab 1959 (Herausgeber: U.S. De-partment of the Navy, Office of the Chief of Naval Operations, Naval History Division; seit 2004 auch Online-Version)
Dietel, Werner: Seefahrts-Wörterbuch/ Dictionay of Nautical Terms. München 1964
Donko, Wilhelm M.: Landungsschiffe der U.S. Navy seit 1939. Stuttgart 2020
Donko, Wilhelm M.: Minensucher der U.S. Navy seit 1920. Stuttgart 2021
Donovan, Robert J.: PT 109. John F. Kennedy in World War II. Greenwich 1962
Doyle, David: PT Boats: The u.s. navy's Fast Attack Patrol Torpedo Boats in World War II. Atglen 2019
Elliott, Peter: Allied Escort Ships of World War II: A Complete Survey. Annapolis 1978
Friedman Norman: Seerüstung heute: Entwurf und Konzeption moderner Kriegsschiffe. Koblenz-Bonn 1981
Friedman, Norman: U.S. Naval Weapons: Every Gun, Missile, Mine, and Torpedo Used by the U.S. Navy from 1883 to the Present Day. London 1983
Friedman, Norman: U.S. Small Combatants. Annapolis 1987
Friedman Norman: Naval Weapons of World War One: Guns, Torpedoes, Mines and ASW Weapons of All Nations. Barnsley 2011
Grover. David H.: U.S. Army Ships and Watercraft of World War II. Annapolis 1987
Howarth, Stephen: To Shining Sea: A History of the United States Navy 1775-1989. New York1991
Published by Random House, 199

Jordan, John: An Illustrated Guide to the Modern U.S. Navy. London 1982
Keating, Bern: The Mosquito Fleet. PT Boats in World War II. New York 1966
Kirk, John/Klein, Aaron: Ships of the u.s. navy. London 1987
Konstam, Angus: British Motor Gun Boat 1939–45. Oxford 2010
Lambert, John: Flower Class Corvettes. Barnsley 2008
Lenton, H.T./Colledge, J.J.: Warships of World War II. London 1973
Lenton, H.T.: American Gunboats and Minesweepers. London 1974
Love, Robert W. (Herausgeber): The Chiefs of Naval Operations, Annapolis 1980
Morison, Samuel E.: History of the United States Naval Operations in World War II, Vol. I-XV. Boston 1947-1960
Morison, Samuel E.: The Two-Ocean War: A Short History of the United States Navy in the Second World War. Boston-Toronto 1963
Morison, Samuel L./ Rowe, John S.: Warships of the U.S. Navy. London 1983
Musgrove, H.E.: U.S. Naval Ships Data arranged by Hull Classification, 5 Bände. Florissant 1975-1985
Office of Naval Intelligence (ONI): US Naval Vessels 1943 (ONI-222 Series). Originalausgabe 1.9.1945
Potter, Jürgen/ Nimitz, Chester W./ Rohwer, Jürgen: Seemacht - Von der Antike bis zur Gegenwart, Mün-chen 1974
Raven, Alan/Preston, Antony: Flower Class Corvettes. London 1978
Silverstone, Paul H.: U.S. Warships of World War II. London 1965
Silverstone, Paul H.: U.S. Warships of World War I. London 1970
Silverstone, Paul H.: U.S. Warships since 1945. London 1986
Scheina, Robert L.: U.S. Coast Guard Cutters and Craft of World War II, Annapolis 1982
Scheina, Robert L.: U.S. Coast Guard Cutters and Craft: 1946-1990, Annapolis 1990
Terzibaschitsch, Stefan: Seemacht USA: Rüstung, Organisation, Dislozierung, Entwicklung (2 Bände). Bonn, 1981
Terzibaschitsch, Stefan: Geleitschiffe der U.S. Navy von der Evarts-Klasse bis zur Claud-Jones-Klasse. Herford 1988
Terzibaschitsch, Stefan: 70 Jahre Flottenhilfsschiffe der U.S. Navy. Leonberg 1993
Terzibaschitsch, Stefan: 50 Jahre Amphibische Schiffe der U.S. Navy. Leonberg 1995
Terzibaschitsch, Stefan: Hafen-, Depot- und andere Dienstfahrzeuge der U.S. Navy. Leonberg 1997
Terzibaschitsch, Stefan: Erinnerungen eines Marineenthusiasten: Marine-Reisen, Jubiläen mit Flottenpara-den, Standorte, Persönlichkeiten. Leonberg 2004
Uhlig, Frank: Vietnam: The Naval Story. Annapolis 1986
Veigele, William J.: PC Patrol Craft of World War II: A History of the Ships and Their Crews. Santa Bar-bara 2003
Whitehurst Clinton H.: U.S. Shipbuilding Industry: Past, Present, and Future. Annapolis 1986
Williams, Greg H.: World War II U.S. Navy Vessels in Private Hands. The Boats and Ships Sold and Reg-istered for Commercial and Recreational Purposes Under the American Flag. Jefferson 2012
Woofenden, Todd A.: Hunters of the Steel Sharks: The Submarine Chasers of WWI. Bowdoinham 2017

Ein US-Soldat in einem soeben vom Patrouillenboot USS „Chinook“ (PC-9) zu Wasser gelassenem Schlauchboot (RHIB) im Irak, aufgenommen 2003.

WEITERE INTERESSANTE BÜCHER ZUM THEMA

Dieser Band beschreibt die Geschichte der Entstehung und Fertigung der U-Bootflotte der k.u.k. Monarchie. Dabei werden alle k.u.k. U-Boote mit ihren Einsätzen, Erfolgen sowie die Zusammenarbeit mit der Kaiserlich Deutschen Marine im Mittelmeer vorgestellt.

176 Seiten, 180 Abb., 210 x 280 mm
ISBN 978-3-613-04456-2
€ 29,90 / € (A) 30,80

Dieser Band dokumentiert die Kriegsschiffe der Seemacht Österreich-Ungarn im Ersten Weltkrieg und deren Verbleib. Detailliert werden dabei u.a. alle damals vorhandenen oder im Bau befindlichen Schlachtschiffe, Panzerkreuzer und Zerstörer beschrieben.

144 Seiten, 235 Abb., 210 x 280 mm
ISBN 978-3-613-04281-0
€ 19,95 / € (A) 20,60

In diesem reich bebilderten Typenbuch werden über 2000 Landungsschiffe der amerikanischen Marine detailliert nach Typen und Klassen aufgeführt. Der Schwerpunkt liegt dabei auf den »amphibischen Mutterschiffen« der U.S. Navy.

224 Seiten, 300 Abb., 230 x 265 mm
ISBN 978-3-613-04334-3
€ 29,90 / € (A) 30,80

Diese Dokumentation stellt alle Minensuch- undMinenräumschiffe der U.S. Navy nach Typen und Klassen vor und beschreibt alle jemals als solche klassifizierten Einheiten der Zwischenkriegsjahre über den Zweiten Weltkrieg bis in die Gegenwart.

224 Seiten, 250 Abb., 230 x 265 mm
ISBN 978-3-613-04380-0
€ 29,90 / € (A) 30,80

Leseproben zu allen Titeln auf unserer Internetseite

Stand Juni 2022
Änderungen in Preis und Lieferfähigkeit vorbehalten.

Überall, wo es Bücher gibt, oder unter
WWW.MOTORBUCH-VERSAND.DE
Service-Hotline: 0711 / 78 99 21 51

www.facebook.com/MotorbuchVerlag

Motor buch Verlag